内在勇气

林萃芬 —— 著

群言出版社
QUNYAN PRESS

· 北京 ·

图书在版编目（ＣＩＰ）数据

内在勇气 / 林萃芬著 . -- 北京：群言出版社，
2020.2

ISBN 978-7-5193-0587-1

Ⅰ . ①内… Ⅱ . ①林… Ⅲ . ①成功心理－通俗读物

Ⅳ . ① B848.4-49

中国版本图书馆 CIP 数据核字 (2020) 第 014526 号

版权登记：图字 01-2020-0175

原著作名：《锻炼心理肌力》

作者：林萃芬

中文简体字版 ©2018 年，由北京斯坦威图书有限责任公司出版。

本书由时报文化出版企业股份有限公司正式授权，经由 CA-LINK International
LLC 代理，北京斯坦威图书有限责任公司出版中文简体字版本。非经书面同意，不得
以任何形式任意重制、转载。

责任编辑：张碧英
封面设计：异一设计

出版发行：群言出版社
地　　址：北京市东城区东厂胡同北巷 1 号（100006）
网　　址：www.qypublish.com（官网书城）
电子信箱：qunyancbs@126.com
联系电话：010-65267783　65263836
经　　销：全国新华书店

印　　刷：河北鹏润印刷有限公司
版　　次：2020 年 2 月第 1 版　2020 年 2 月第 1 次印刷
开　　本：880mm×1230mm　1/32
印　　张：7.5
字　　数：150 千字
书　　号：ISBN 978-7-5193-0587-1
定　　价：46.80 元

自　序

　　对我来说，不管是咨询室或教室，它们都是神奇的、能孕育各种可能性的空间。

　　记得我刚开始做员工心理咨询与辅导的时候，企业界的人力资源部门提出的员工困扰问题都是加班太多导致员工情绪反弹。他们很困惑，不知道要如何安抚员工情绪才能让他们乐于工作。没想到，才过没多久，人们就遇到世界性的经济不景气。企业想出以无薪假的方式来度过经济寒冬，这个时候，员工又担心无班可上，没有收入该怎么办。

　　接下来，有些公司无预警地被并购，无论并购方或被并购方，内心都充满焦虑。很多职位只能有一个人留下来，其他人或者等着被资遣，或者等着被调换部门，不知前途如何。他们紧锁的眉头、抗拒的表情仿佛在告诉我：如果工作没了，现在减压有用吗？

　　此外，更有不少世界级的百年公司或机构面临倒闭或裁员的困境。由于事发太过突然，员工发现以前每天都去的公司，现在居然大门深锁，他们陷入极度的恐慌焦虑中，无法喘息。

这一波的经济状况变迁，还伴随着科技的大幅跃进，从生活方式到人际互动方式都被彻底颠覆，我们进入"智能型手机"的时代，社会中出现不同类型的社群，衍生出许多新的心理困扰。

面对纷乱多变的社会现状，公司的人力资源部门被迫处理员工各种不同的心理议题，极度需要心理专业人员从旁协助。这让我有机会可以跟不同类型产业的从业者接触。从科技业、制造业、服务业、金融业到设计文创业，我与管理者们一起了解员工的情绪特质，探索员工行为背后的原因，共同理出头绪，找到让公司成长的正向力量。

以往我面对的大多是基层员工的内心苦闷、经济压力沉重等问题。但近几年来，我遇到的问题多是高层主管的心理健康被经营压力快速耗损。

这十年的咨询历程，真的让我感触良多。我目睹不少叱咤风云的公司瞬间失去了世界舞台，也看到很多原本表现出色的精英栋梁，在公司变迁的过程中适应不良，或被迫离开。有越来越多的人从"正职、专任人员"变成"约聘人员"，一年一聘。当未来充满不确定性，人们的内心自然会焦虑不安到极点。

归纳这十年来的咨询经验，我整理出五大心理趋势，分别为：每个人都要锻炼强健的心理肌力（Psychological Muscle）、未来是"弹性就业时代"（Protean Career）、学会处理生命中的偶发事件（Chance Events）、做好"随时成为接受粪水磨炼的小蘑菇"的心理准备、为自己量身打造一个"压力缓冲盾"。以上五大心理趋势我会在本书中一一介绍，这些会是未来每个人都需要的心理处方笺。

我感受到了自己的使命，想将十年的心理咨询启示分享给有需要的人，让每个想要增强心理素质、提升内在勇气的人，都能量身打造出属于自己的心理成长计划，过一种舒服自在、有成就感的人生。

目 录 CONTENTS

Part 1 / 找到适合自己的心理练习

Part 1

01 认清新时代的五大心理趋势

近年来世界的变迁速度之快，常让人措手不及。我刚开始在企业为员工做心理咨询与辅导时，管理者们还在烦恼员工无法配合加班，没想到后来竟演变成"无薪假"的经济寒冬。尤其随着科技的大幅进步，人际关系和生活方式皆与从前有很大不同，因而出现了不少新的心理困扰。

归纳这十年来的咨询经验，我整理出五大心理趋势。

心理趋势一：每个人都要锻炼强健的心理肌力（Psychological Muscle）

我的咨询工作不仅是引领者——陪伴当事人锻炼心理肌力（Psychological Muscle），培养他们拥有改变的勇气，发现他们的长处，协助他们适应各种险峻的职场环境。我的咨询工作更是预测者——和当事人一起预演未来的趋势情境，让他们可以事先做好心理准备，接受意料之外的挑战。

要想锻炼心理肌力，我发现最有效的方式就是跟运动员学习。

如何快速调整心态，不被失败、挫折击垮自信心，是很重要的"心理技能"。让自己一直保持积极性，是成功者重要的特质。面对一场又一场的比赛，运动员需要掌握竞技运动的心理规律，懂得设定有效目标的方法，同时做好"心理能量管理"，才能让运动生涯发光发热，留下璀璨的战绩。

心理趋势二：未来是"弹性就业时代"

　　从咨询经验中我看到的心理趋势是，未来是"弹性就业时代"。

　　近年来，全世界很多地区的心理咨询师都在积极谈论"弹性就业时代"。那么，我们需要做好哪些心理准备？如何为自己创造想要的机会？如何在变动中增强自我的适应力？

　　弹性就业时代的特色是，每个人都需要自主自立，注重成长，学会在变迁中适应，勇于挑战自己，持续补充正向的心理能量。也因此，身处弹性就业时代的人非常需要培养"工作勇气"，每个人都需要注重个人的职业选择，以及自我的实现，将主控权掌握在自己手上，而不是在公司。

　　我进入"自由职业者"的领域迄今已经 20 年，专业技能从写作、企业顾问，一直扩展到心理咨询师。其间，我经历过所谓的美好年代——"洞察人心"系列的书籍热卖超过 20 万册，同时身兼多家企业顾问，工作充实而有成就感。

　　但我也经历过所有工作在同一时间消失的惨淡岁月。我从小幸福地长大，没有体会过悲欢离合，却在短短两年内一连遭遇各种不同的失落感，失去工作、失去爱情、失去父亲。

我一直以为自己很坚强，可以从容应对各种挫折。可是，当我遇到一个接一个的打击时，还是会陷入患得患失、极度沮丧的情绪中。走进人生低谷的时候，我总是盼望人生赶快翻转。怎么熬了如此久还没有到尽头？已经这么努力成长了，何以老天爷没有看到我的辛苦？到底什么时候才能苦尽甘来呢？

当时的我只有困惑，没有答案。

走过之后，我才知道这一切经历的意义。当心灵脆弱无助时，我们需要拥有相信的勇气，相信事情会慢慢好转，帮助自己创造出改变的机会。当我从另外一个视角回顾过往这段惨淡岁月时，我发现它带给我最大的收获就是重新认识自己，找到未来生命的意义，成为陪伴人们走过不同际遇的心理咨询师。

心理趋势三：学会处理生命中的偶发事件（Chance Events）

平心而论，人在顺境中，真的很容易低估环境风险，觉得努力认真地把工作做好，就能确保未来无忧。

不过，"弹性就业时代"没有所谓的"理所当然"。学会处理生命中层出不穷的偶发事件（Chance Events），变成极为重要的能力，其中就包括从生命经验中提炼出丰富的养分，并转化成未来需要的能力。

心理趋势四：做好"随时成为接受粪水磨炼的小蘑菇"的心理准备

另一个心理趋势是，每个人都要做好"随时成为接受粪水磨炼的小蘑菇"的心理准备。

我之所以会这样比喻，是因为初学者的成长历程其实很像蘑菇的生长。蘑菇通常是在不见光的角落，还会被各种不同类型的粪水淋身。表面上看起来蘑菇"受尽委屈"，实际上脏臭的粪水却给了蘑菇最充足的养分，倘若蘑菇在成长阶段是在日照过多的地方，备受呵护，反而会提早"夭折"。

过去，"接受粪水磨炼的小蘑菇"都是最基层的员工，但现在，不管你做到什么职位，待在多么大型的机构中，都有可能再度成为"小蘑菇"。有人于中年转换跑道，一切归零、从头学习；有人因公司政策改变，需要降级重新开始。如果做好随时当"蘑菇"的心理准备，就能欣然接受所有的磨炼，将之转化成宝贵的养分。

心理趋势五：为自己量身打造一个"压力缓冲盾"

在十年的咨询历程中，我看到太多人因为对压力的忍受性过强，而忽略照顾自己的心理健康。

不愿承认"自己会感觉有压力"的人，通常是因为心中"理想的自我"期望自己是感受不到压力的强者。也因此，会隐忍压力的人，大多不满意自己是个普通人。而这些"不被承认的压力"

都跑到哪里去了？其实多半的压力都被宣泄到了别人的身上，尤其是家人跟下属。事实上，"暴躁易怒"就是典型的压力反应。

在快速变动的年代，每个人都要为自己打造一个"压力缓冲盾"（Stress Buffer Shield），让自己及时释放压力与焦虑。这面保护心理健康的"盾牌"有五个部分：

第一，**累积生命经验**（Life Experiences），让自己更坚强有力。

第二，**个人支持网络**（My Support Networks），当你内心困惑时，可以向人请教；当你心情不好时，有人安慰你；当你寂寞沮丧时，有人陪伴你。

第三，**正向的态度和信念**（Attitudes / Beliefs），转换视角，让自己看到不同的见解。

第四，**健康的照顾自我的习惯**（Physical Self-Care Habits），了解自己的身心状况，找到有效疏解压力的方法。

第五，**行动技巧**（Action Skills），压力事件没有解决，压力就不会消失，你需要有改变现状的行动技巧。

除了向运动员学习锻炼心理肌力，为自己量身打造"压力缓冲盾"之外，学会在"弹性就业时代"里拥有相信自己的勇气，重新认识自己，并找到生命的意义，也将会是每个人未来必修的课题。

02 当你被"害怕"包围：靠自己的力量改变破坏性的信息

　　诚实地问问自己：我有没有被"害怕"包围？我是不是害怕被人拒绝，害怕犯错失败，害怕别人的眼光，害怕改变，害怕失去，害怕死亡与失落？

　　有趣的是，勇气就诞生于"害怕"，诞生于我们对危险、失败、失望的回应。

"害怕"时会想要"控制"

　　当我们感觉害怕的时候，就想要自我保护。最常见的保护方式是自我控制或者控制他人。

　　我在咨询的过程中发现，很多人的能量都用在"自我控制"上，他们做每件事情都要预先规划好，试图掌控未来的发展。

　　有些人是做事情的顺序必须完全符合自己的想法，不能有一丝一毫紊乱，不然就要花很大力气重新安排；有些人则是所有的细节都要很清楚，为了记录每个细节，自然要花很多时间；也有些人是物品的排列顺序都要整齐划一，衣服要分不同的颜色放置，碗盘要从大排到小，他们不能忍受任何无序。

除了控制自己，更辛苦的是控制他人。这样的人期望别人做每件事情都给自己回报，规定别人按照自己的做事方式行事，要求别人遵守自己的规范，甚至想要掌握别人的行踪。

"害怕"隐藏着"敌意"

"害怕"中常常隐藏着"敌意"。当我们不安时，常常会忍不住跟别人做比较，"别人有，我没有，这怎么可以？我一定要比他更厉害。"

"比较"和"竞争"的背后，其实是"破坏性的感受"。工作中，受到"比较"和"竞争"驱使的人，会特别执着于追求"丰功伟业"，期盼自己"一枝独秀"，成为"与众不同"的人。

这样的人常会说："我的学历不错，怎么可以安排我去做初级的工作，这样不对吧？我要换部门。""我对公司的贡献比其他同事大多了，他们差我太多了，我的薪水当然也要比他们高才行。"

竞争心强烈的人，无论做什么事情都渴望被人赞赏，被人认同。他们越是想通过成功来克服不安，对失败的恐惧就会越强。

"害怕"会造成"停滞不前"

一个人如果内心害怕失败，行为上就会停滞不前。很多人恐惧陌生的事物，害怕以后要面对的问题比现在多，一想到未来困难重重，就觉得自己没有能力面对，于是选择放弃。

当我们害怕出错时，就会跟别人说："我不知道怎么做，我可不可以不做？""可以换资深的同事来做吗？我可能无法胜任。"也有人会因为过去的失败经历而拒绝接受公司交付的任务，"上次客人投诉，我觉得好可怕，让我有不安全感，我很怕拖累大家。"

我们何以会认为自己是人生的失败者呢？这往往是因为我们从小不断被灌输某种破坏性的信息，比如：

"你不行啦，什么事情都做不好。"

"你的动作那么慢，我来帮你做比较快。"

"你缺乏判断力，经验也不足，所以要怎么做，我都帮你想好了，你只要照着做就好。"

"你好可怜，从小爸妈就不在身边才会这样。"

"我再给你一次机会，你最好表现好一点。"

"再不听话，你就试试看！"

这些信息都在不断暗示我们："你没办法做好。"

现在我们需要靠自己的力量改变这种破坏性的信息。勇于面对自己内心的纠结，才是真正的解决之道。当我们处在愤怒与恐惧中时，自然无法分辨什么是最重要的，以及这件事背后的意义是什么。

"害怕"产生"没有理由的焦虑"

很多人的职业生涯遇到瓶颈，探寻其背后的原因，我们会发现，其实是他们内心渴望胜过别人。为了达到"胜过别人"的目的，他们就会变得很难做决定，也不敢冒险。因为一旦做错决定，他们就被别人说中了，也就代表他们输了。

当"内心害怕"超过"真实危险"时，人就会变得很焦虑。"焦虑"是我们渴望追求卓越却感到不足的反应。当"害怕"大过"问题"，就会导致适应不良。很多人会出现"没有理由"的害怕、焦虑。

我从这几年的咨询经验中发现，有越来越多的人拒学或是抗拒工作。当我们没有工作的时候，很自然地，就要依赖别人提供生活所需，这种行为意味着一个人的"社会情怀较低"，但他的"自我兴趣却很高"。

倘若我们从小生长在过度的骄纵宠爱中，或是家人常常向我们传递负面、敌意的信息，又或者我们经常处于缺乏爱与温暖的环境中，"害怕"的情绪就会被增强，以至于我们在长大后会无法面对自己的生活任务，潜意识中我们就会运用各种方法让别人来满足自己的需求。譬如说，潜意识中我们会让自己受伤，"我的脚受伤了，医生说我需要休息。"这样就可以让别人来照顾自己。

在咨询的过程中，我经常听到家长说："孩子没有安全感，所以我要陪伴他，让他有安全感。"其实，真正有安全感的人，即使是家人不在身边，他们仍然可以上学、工作、出游。如果越陪伴越退缩，我们或许就要思考"陪伴"里隐藏着什么让人退缩、害怕的暗示，令其裹足不前。

"害怕"导致冷漠麻木

有些人被恐惧和焦虑淹没，不知道该怎么办的时候，会躲在冷漠麻木中，对任何事情都表现出"无所谓""不要管我"的态度。人际互动的时候，他们常常会说："你们不要管我。""你们就当我不存在。"

一旦我们跟他人的互动变得越来越冷漠，开始对别人抱持敌意，把别人的行为都做负向解读，总觉得"别人不理自己"，我们对自身的关注就会越来越高，"关心自己"远远超过"关心别人"。

释放恐惧与限制

在专业训练的过程中，咨询师都需要接受心理咨询，探索自己内在的恐惧与限制。当我们了解了自己的想法、情绪后，才不会把自己的问题投射到当事人身上，干扰咨询过程的进行。

当自己成为求助者时，我才知道求助的过程并不轻松。光是拿起电话预约，就要在心里挣扎许久，我会不断地想着什么时候打电话比较适合呢？要怎么开口呢？什么特质的咨询师适合自己呢？对方会问我哪些问题呢？

我真的没有想到，求助的过程会经历这样的挣扎，需要下这么大的决心。这个时候，我心里开始佩服那些找我做咨询的当事人，原来"求助"需要鼓起如此大的勇气。

很多当事人都曾经告诉我，在踏入咨询室前，他们的内心充满恐惧不安，不知道在咨询中会面对什么样的自己，是不是问题大到没救了？自己的人生还能变好吗？听了他们的心声，我会对他们说：**"面对自己就是最大的勇气。"**

阿德勒认为，消除恐惧与冷漠的最佳解药就是"社群感"（Community Feeling）。因为当我们不认同自己的时候，也会不认同别人。如果我们可以好好跟自己相处，就能心平气和地跟别人互动。

想做到"不怕"，我们就要从跟自己相处开始，勇于面对自己内心的纠结，这就是勇气的表现。

03 跟运动员学习锻炼心理肌力的方法

在所有的职业中，职业运动员最需要强韧的心理肌力（Psychological Muscle）。几乎每个成功的运动员，都是从小开始长期接受严格的训练，但在比赛中，成果却要在几十分钟甚至短短几秒钟内呈现出来。无论运动员的技术多么高超，只要成绩不如别人，他就要接受"输了"的结果。

在高压的状况下，运动员很容易表现失常，一个分心就可能失误，一个紧张就可能失手。所以，如何全神贯注地投入比赛，同时又能让情绪快速平稳，立刻镇定下来应对比赛，不会因为已经发生的失误影响全局，是左右胜负的因素。

很多运动员都曾经面临职业生涯瓶颈。例如，因为运动受伤而被迫中断赛事，因为表现不如预期而再度坐上冷板凳，等等。

运动员是否能享受竞赛过程，不患得患失，比赛结束后还能继续投入辛苦的训练，可以说是影响其职业生涯长短的关键。很多红极一时的明星运动员，为了缓解现实中的挫折感，沉迷于赌博、酗酒、药物、性爱，罹患成瘾症而不可自拔，他们的人生从此过得荒腔走板，让人不胜唏嘘。

要评估一个运动员可不可以成为顶尖的运动员，最重要的是观察他陷入低潮时的应对之道，以及他的心理肌力的强弱。

我们在新闻上常能看到运动员上台领奖牌时喜极而泣，这泪水中包含着汗水与孤独，不只令人动容，运动员的精神也值得我们学习。

"自我对话"影响表现

他人的期望会影响运动员的表现。

在咨询的过程中，我发现很多人从小就背负着沉重的期待压力。在家长"望子成龙、望女成凤"的殷殷期盼中，慢慢地，我们会自动把大人的期望内化为"自我对话"。

《和平战士》（*Peaceful Warrior*）这部讲述体操选手奋斗历程的电影，可以说是探讨"运动心理"的代表作，在影片中，我们可以听到运动员的经典"自我对话"：

"如果没有取得资格，我永远都不会原谅自己。"
"教练觉得我一无是处，我是个一无是处、没有用的东西。"
"为什么我做不到？我是个废物。"

这些"自我对话"如影随形，无时无刻不在影响我们的心理运作。

"自我对话" ABC 模式

发生压力事件时，我们都会认为是"这件事情"导致我们产生压力，有不舒服的感觉，但其实是我们"脑中的想法"引发了紧张不安的情绪。

"压力事件 A"并不是导致情绪反应或行为后果的原因，我们对事件抱持的"非理性想法 B"才是真正的原因。也就是说，是我们对事件的想法导致情绪和行为的后果，而不是事件本身造成的。

譬如，在球场上，常常会出现下面两种"自我对话"：

第一种是："我一定要打好，不能搞砸。"

第二种是："我已经做好准备，知道要怎么表现。"

第一种"自我对话"很容易让人焦虑，给人带来压力，进而导致破坏性行为，球员会紧张、心慌，专注力降低，连带对球的反应也会变慢。

第二种"自我对话"则能带领球员迎接挑战，促成建设性的行为，让他们更专心、更有自信地打球，快速对球做出反应。

[小练习] 向运动员学习"自我对话"

"自我对话"虽然不会影响事件发生与否，但是却会影响事件发生时我们的应对之道。

举例来说，如果我们的"自我对话"是"上台报告绝对不能停顿，一停下来就会被别人看笑话"，就会让我们太过在意别人的反应。如果台下正好有人面露笑容，我们就会担心刚刚是不是讲错话，让别人觉得自己"很可笑"。由于对自己的每一个动作都太过注意，我们反而容易表现失常，出现沮丧的情绪。

如果我们能以一个有效的、理性的、合适的思考，代替无效的、非理性的、不合适的思考，便能挑战成功，产生"新的效果 E"，并带来"新的感觉 F"。

另一个有效降低"自我对话"破坏性的方法是，先暂停破坏性的想法，就像让电脑关机一样，让思考暂停，也可以让情绪不受影响。以下是完整、积极的"自我对话"过程：

A：Activating Event，发生的事件；

B：Belief，人们对事件所抱持的观念或想法；

C：Emotional and Behavioral Consequence，观念或想法所引起的情绪及行为结果；

D：Disputing Intervention，挑战"不适当、无效的想法"；

E：Effect，咨询或治疗效果；

F：New Feeling，咨询之后的新感觉。

运动员饱受长期与急性压力之苦

大约有 20%~30% 的运动员饱受长期压力之苦，比如跟好朋友同场竞争的压力，比赛表现优劣的压力，以及受伤恢复状况好坏的压力，各种大小压力不断地累积。

也有很多运动员因为在比赛时用尽体力，或者无法突破长期严苛训练的疲劳障碍，因而产生强大的身心压力。再加上，运动员需要到处旅行比赛征战，也常会导致睡眠质量不佳，造成恶性循环，总觉得疲惫不堪。

压力太大或过度紧张的时候，运动员就会觉得比赛很无趣。还有，不少运动员跟恋人分手时，情绪起伏也会很大。运动员需要花很多时间和精力练习，特别是集训阶段，他们都要住在集训中心，比赛时又要"南征北战"，基本上没有时间经营感情，如果再把压力宣泄在对方身上，感情自然就更不容易维系。

因此，放松与增能就是运动员制胜的钥匙。

放松是多功能的心理训练工具

运动员很容易因为情绪而影响比赛时的表现。通常情绪发展的路线是，从紧张焦虑、心烦意乱或是过度活跃开始，如果没有适时放松，慢慢地，会出现缺乏朝气、迟钝、消极的状态。

在《和平战士》这部电影中，在男主角焦躁不安，对自己感到怀疑的时候，不仅会反复做噩梦，还会半夜睡不着，经常需要出门去透透气。如果压力仍然无法释放，男主角会通过飙车，跟朋友喝酒，或者性爱的方式来宣泄压力。

现实生活中，很多运动员也是选择用同样的方法释放压力，结果跟电影中呈现的状况一样，压力依然存在，他们的人生却会遭遇更大的麻烦。

事实上，想达到最佳的放松状态，运动员要学会"完全放松"与"快速放松"两种方法。

"完全放松"需要花比较长的时间，通常要 10~20 分钟，或者更长，才能让身心完全放松。

运动员平常要不断练习"完全放松"，这样在比赛最激烈的时候才能用相对较少的时间做到完全放松。在比赛期间，运动员需要在几秒钟内让自己快速放松。上场前做 10~15 秒的身体放松，有助于心理的镇定，让自己专注于比赛。因为当交感神经过度活跃时，人们会变得焦虑、心跳加快、紧张冒汗，感觉喘不过气来，这自然会影响表现结果。

较常用的放松策略有腹式呼吸、全身肌肉放松训练法、渐进放松训练法、意象放松、音乐放松。规律的呼吸可以让运动员保持沉静，有效降低焦虑，大幅提升专注力，让精神得到休息。

[小练习] 向运动员学习放松

虽然一般人不用上场比赛，但也有很多紧张时刻。例如，很多人都有考试压力，有的人在面试之前焦虑得睡不着，有的人被上司批评后做噩梦，也有人上台做报告时紧张到胃痛，还有人被催促业绩目标时紧张不安。

所以，放松对我们每个人的身心健康都很重要，它既可以帮我们减少不必要的肌肉紧绷，又能降低交感神经活跃度，让我们集中专注力，产生心理镇定的效果。

·音乐冥想法

听音乐的时候，如果能响应节奏的快慢，随意舞动肢体，让自己的身体融入音乐的旋律中，会更有助于我们甩开压力的束缚。

在"音乐"的旋律中，你会感觉心灵是平静的，肌肉是放松的，仿佛刚洗完澡般清新舒畅。记得让自己停留片刻，体会真正的宁静。

·获得冷静的心理状态

我们每个人都可能会遇到慌乱、不知所措的时候，越是关键时刻，越需要我们静下心来面对。

想要获得冷静的心理状态，第一步，先静止不语。然后，将注意力与觉察力放在呼吸、感知、耐心、信任上面。用"知觉"取代"思考"。从心理能量的角度来看，注意力灌注在哪里，哪里就会开花结果。尽可能把注意力放在呼吸上，体会空气进入身体的感受，从头部开始，慢慢觉察整个身体的感受。同时配合正确的呼吸。呼吸可以帮助我们觉察身体的状态。

腹式呼吸可以帮助我们有效清理情绪，宣泄令我们不舒服的情绪。心律呼吸可以让心静下来，让头脑"关机"，快速消除疲劳感。感恩冥想呼吸，可以使我们产生内在力量。情绪冥想呼吸，可以有效地让波动的情绪平静下来。

你也可以把注意力放在口中的食物上，让它在口中翻滚，用舌头去感受它，细嚼慢咽每一口食物，慢慢享受其中的滋味。

专注于享受生活的过程，有知觉地去做每件事情，我们就能与自己的心灵亲密对话，清楚自己的身心状态。每个"当下"都是全新的，"已知"中仍有新的可能性，如果我们对未知保持开放的态度，自然可以让自己静下心来。

充满能量的"意象增能法"

跟"放松"相反的就是"增能"，它能让身体变得活跃，能提高大脑的活力，使其做好应战准备。

"增能"可以帮助运动员做到生理觉醒，促进其专注力，提升其自信心。"完全增能"的方法包括：激励式呼吸、意象增能法、音乐增能法。

运用"意象增能法"提升运动员表现的例子中，有一个最为人所津津乐道——1984年的洛杉矶奥运会上，加拿大的运动员在接受了意象练习后，奖牌数量相较于前一次奥运会大幅增加，激增到 44 枚。这让大家开始认识到心理训练的重要性。

[小练习] 向运动员学习增能

在人生某些重要时刻，我们也需要"增能"，让自己可以既专注又自信地完成任务。

在咨询的过程中，我常常带领当事人运用"意象增能法"，让他们想象某个美好的情境，感觉自己在其中精力充沛、充满能量的最佳状态，然后记得这样美好的感觉，储存在脑海中。以后如果有需要，他们随时可以唤起充满精力、能量的感受。

除了增加心理能量外，"意象增能法"也能用来克服恐惧。譬如，我会带领当事人想象：如果有一天可以不再害怕，能够自在面对自己恐惧的事物时，那个时候的自己是什么样子？

我们的大脑拥有很神奇的力量，光是用想象的方式，看到自己有勇气的样貌，我们的心理就产生了面对现实的能量。当然，心理咨询师本身拥有"信任的能量"也很重要，发自肺腑相信当事人可以通过"意象增能"来改变他的人生，进而促进当事人的改变。

懂得设定目标，才能成为顶尖运动员

想让自己成为顶尖运动员，就要懂得设定目标。有效的目标设定，应该是"表现"和"过程"相互配合，这样可以同时增进"控制力"与"灵活性"。

所谓"控制力"，指的是为了达到自我成功，人们坚持特定的行为，有"比赛输赢不在自己控制范围"的心理弹性。而"灵活性"，则是懂得根据实际情况变通，为自己创造最好的挑战空间。

三种有效的目标设定方法

你设定的目标究竟有没有效果，其实很容易判断。运动员能不能将注意力集中在明确的任务上，是否能够不断增加努力与练习的强度，能不能持续面对困难与失败，可不可以持续激励自己挑战目标？

不妨自我检查一下，你通常会用下面哪一种方式设定目标。

以结果目标（Outcome Goal）为导向：渴望胜过其他竞赛者，拿到更高的名次，最好是赢得第一名。运动员如果只论成败，只在意输赢，很容易形成"不稳定的自信心"。毕竟冠军只有一个，有时候比赛输赢并不在自己的控制范围内，"非赢不可"的心态反而会降低我们的挫折容忍力。

以表现目标（Performance Goal）为导向：会全力追求个人表现，如跑得更快，掷得更远，投得更准。

以过程目标（Process Goal）为导向：着重于精进运动表现的

技术、形式、策略。运动员如果可以把"表现目标"和"过程目标"相结合，将问题视为学习成长的机会，就可以逐步改善整体表现。当运动员的技术超越其他选手时，自然可以赢得比赛。

多样化的目标设定

多样化的目标设定又比单一目标设定更容易导向成功。

设定"团队目标"，可以有效提升整体表现的成果。不过，从心理的角度来看，倘若只有团队目标而没有个人目标，就很容易使个人产生社会懈怠现象（Social Loafing），降低其努力的动力。

设定"个人目标"，可以让团队中的每个人都能够为自己的表现负责。

SMART 原则，逐步达成目标

S（Specific）具体的：规划目标要具体、明确，同时提高表现的质与量。例如，每周 3 次，一次 30 分钟的中等强度训练；改善罚球的命中率；改善步法技巧等。

M（Measurable）可量化：目标评估是设定目标时最关键的因素，规划要可以衡量，可以比较，能够评估进度。例如，将击打率从 10% 提升到 15%；每天走 1 万步等。

A（Attainable）可执行：目标设定必须是可行的，要考虑客观情况，以事实为依据，可执行、可达成，而不能是无法达成的梦想。

例如，短期目标最多不超过 6 周，规划 3~4 个步骤，这样做达标率最高。

R（Recording）可记录：把实行的过程详细、清楚地记下来，一方面掌握进度，一方面找出问题。

T（Tracing）可追踪：规划实施后，如果不追踪，可能会流于形式，最后宣告失败。

有目标的"旅程"，能让我们悠游自在、了无牵挂地享受当下。

[小练习] 向运动员学习目标设定

我们大多数人都知道要设定目标，可是如何设定目标，我们却往往没有头绪。所以，当我深入了解运动员设定目标的各种技巧，也了解目标背后的心理动力后，真的觉得他们的方法非常值得我们学习。

举例来说，我想写一本书，就会思考如何设定目标，帮助自己一步一步完成。我的长期目标是写一本书，分割成短期目标时，我会使用 SMART 目标原则。例如，一个星期写多少字，一个月进度多少，如果进度落后如何补救，预计写多久，大约什么时间出版。这样做就能逐步达成目标。

根据过去的经验，我发现有人催稿时，我的写作效率会更高，因此我会想办法开个专栏，让编辑来协助我设定截稿日期。同时我也会想想如何把"表现目标"和"过程目标"相结合。例如，如何呈现心理专业的知识，何种写作形式比较吸引读者，哪一家出版社更符合我的理念。

无论天分高低，有目标者的成功概率都大于无目标的人。尤其是当目标符合自我需求，是自己想要的，不是被别人强迫的，这时，达成目标的过程兼具乐趣与意义，我们自然得到成就感、快乐感与满足感。

设计难度适度的目标

设计难度适度的目标，不仅可以激发你的最大潜力，还能使你持续地努力。

每次的难度目标提升 5%~15% 就好，不要超过前一个目标太多，这样可以增加你的成功经验，同时为你减轻压力，对增强你的自信心很有帮助。

你所设定的目标也不宜过于简单，需要用心去完成，一方面你会较有成就感，另一方面也能够令自己负起责任，提高自尊。

倘若你觉得目标太过困难，想调低目标，最好避免在表现不佳或缺乏动机的时候，这样才不会动不动就因为自认为"我做不到"而放弃。

[小练习] 向运动员学习增加前进动力

很多想要进步的人，都把目标设得太高。让自己累积太多挫折感，反而达不到目标。

咨询的过程中，我会带领当事人设定适度的目标。方法其实很简单，从"能做到的"开始，我先让当事人自我赞美，"我觉得自己做得不错的地方有哪些？"然后，我会带领当事人整理成功经验，"我是如何做到的？"这样，以后他就可以复制成功经验。我还会引导当事人为自己设定进步的起始点，"我对自己表现满意的程度是几分？"

接下来，他们就可以设定进步的目标，"我希望进步到几分？"并且转化成具体的步骤，"我觉得多做些什么，可以更符合自己的期待？"

这样自然可以引发当事人的成功心理，使其不断产生前进的动力。

正面聚焦的目标

在起伏不定的运动生涯中，一两场的比赛失利，还不至于打击运动员的自信心，但如果一连半年都打败战，他们的自信心就很可能会动摇。

对运动员来说，设定长期目标是为了避免因短期失利而感到灰心丧气。优秀的运动员不会通过输赢来评价自己，他们会设定长期目标，评估自己的表现，重视比赛的质量，看到自己的进步。

[小练习] 向运动员学习正面聚焦

心理学家戴维·华生（David Watson）在研究正面情绪时发现，拥有快乐和其他正面情绪的关键，是努力追求目标的"过程"，而不是完成目标的"结果"。

咨询的过程中，我也深刻感受到，一个人可以看到自己的成长和进步，是非常重要的成功特质。

看不到自己的进步，我们就很容易感到焦虑、挫折，不信任自己；看得到自己的进步，我们不仅会对自己有信心，对自我表现也会有较高的满意度。

锻炼"心理技能"，挑战极限

一位著名的羽毛球运动员在接受访问时曾表示，她从小跟着热爱打羽毛球的父亲一起打球，大人打球，小孩也跟着打。小学六年级时她已经没有对手，这个时候，父亲决定让她升级，跟年龄更大、球技更好的选手一起比赛。她又再度尝到输球的滋味，从此也能接受输球的挫折。这个训练过程，说明了设定"练习目标"的重要性。

"练习目标"可以帮助我们增强"心理技能"，提升我们的聚焦能力及专注力，激励我们挑战自我极限，增强超越的动机。

　　棒球界的超级明星铃木一朗的练习历程值得我们深思。铃木一朗三岁时跟父亲说想要打棒球，当时父亲花了半个月的薪水给他买了一副棒球手套，还告诉他："这不是玩具，而是工具。"从此以后，一年365天，铃木一朗每天都要去公园练投50次球，打200次球，守50次球。无论天气多么寒冷，铃木一朗多么想玩，这件事都不能改变，他不能松懈。

　　在马林鱼球队总教练丹·马丁利（Don Mattingly）的眼中，铃木一朗"每天都在球场上丢球，不断求进步，并且从未停止。有些球员会觉得倦怠或是偶尔停下，但他日复一日从不休息，这都展现了他对棒球的热爱"。

　　但是铃木一朗跟父亲的关系非常疏远，完全没有互动。回忆父亲训练自己的过程，他也认为"严格"与"虐待"只在一线之间。

　　从教练和队友的叙述中，我们会发现铃木一朗有些强迫型人格倾向。他必须用订制的盒子装棒球，每次踏上球场前他都会清洁、擦亮手套。从纪律的角度来看，铃木一朗可以说是达到了极致；但从弹性的角度来看，他似乎没有什么空间；若从放松的角度来看，他则是从来没有松懈过。

　　事实上，"心理技能"的训练需要持续整个运动生涯。在普通的，或是低度压力的竞赛里，大多数运动员的"心理技能"都可以从容应对。可是在高度压力的情况下，他们的表现往往不如预期。

上场竞赛时，为了达到最佳表现，运动员需要强化的"心理技能"包括：落后时保持镇定，不管什么状况下都对自己有信心，知道怎么做好压力管理。

退役之后，运动员需要帮助自己调适心理，重新设定人生目标。

很多红极一时的运动员走出运动场后，往往不知道自己还能做些什么。即使是缔造泳池传奇的天才型运动员菲尔普斯也不例外。他在伦敦奥运会后退役，离开游泳赛场后便停止训练，生活不知所措。他的体重开始暴增，还沉迷于酗酒、吸毒、赌博，连一手训练他的教练都劝不醒他。但走过迷惘混乱的岁月，菲尔普斯又重新振作，再度于里约奥运会上夺得金牌。

训练"心理技能"的终极目标，是锻炼"自适应"的能力，做好自我管理，帮助自己达成短期目标与长期目标。

锻炼"心理技能"的过程中，保持乐趣也是很重要的，享受练习的过程，对自己感到满意，比赛后有满足感，运动员才能够源源不断地产生心理能量。

[小练习] 向运动员学习危机管理

不只运动员，我们每个人都需要"心理技能"。它使我们能够镇定地处理突发的危机事件，自信地表现专业能力，及时地缓解压力，随时做好自我调整。从确认问题到自我承诺，每个步骤我们都能确实执行，并做好环境管理，最终才能类推到所有的状况中。

有一个危机处理事件让我印象深刻。一架飞往达拉斯的西南航空班机的左发动机在接近一万米的空中爆炸，女机长舒兹（Tammie Jo Shults）镇定地跟塔台通话的过程令人叹服。

当空管人员问到飞机是否着火时，舒兹以平静的声音回答："没有，飞机没着火，但失去了某些机上部件，他们说机上有个洞且有人掉出机外。"舒兹清楚地表示机上有乘客受伤，并请医疗人员在飞机降落后与他们会合。飞机安全降落之后，舒兹还花时间亲自跟机上所有的人谈话。

这位女机长的表现，展现了最强的"心理技能"。她临危不乱，发挥专业优势，带领全部的人平安降落。

想了解自己的"心理技能"如何？不妨做做下面的"心理技能"评估量表，看看你有没有什么地方需要加强锻炼。

"心理技能"评估量表

1. **聚焦专注**：无论在什么环境或状况下，都可以专注于当下，聚焦于手中的任务。（1~10 分，给自己几分？）

2. **适应困境**：遇到瓶颈或挫折，不会自我打击，也不会退缩却步，对内可以自我增能，对外也能寻求资源协助。（1~10 分，给自己几分？）

3. **压力适应**：面对压力时，懂得运用有效的方法，释放身心压力。（1~10 分，给自己几分？）

4. **目标设定**：知道在什么状况下为自己设计适合的目标，并且评估目标达成程度，使目标发挥作用。（1~10 分，给自己几分？）

5. **成就动机**：可以持续保有前进的热情及超越的动机。（1~10 分，给自己几分？）

6. **适应教练（主管）**：可以跟教练或主管双向沟通，说出自己的目标、挫折及感受。（1~10 分，给自己几分？）

7. **免于抑郁**：懂得转换情绪的有效技巧，不会让自己被无力感包围。（1~10 分，给自己几分？）

8. **流畅感觉**：有方向、有目标地挑战自我极限，同时也保有生活乐趣。（1~10 分，给自己几分？）

9. **心理韧性**：情绪控制良好，可以自我激励，唤起自信心，与团队和谐相处。（1~10 分，给自己几分？）

10. **自我调整**：可以自我控制，自我投入，自我整合，不会陷入矛盾冲突中。（1~10 分，给自己几分？）

※ 根据"心理技能"评估量表的分数，针对自己想要增强的部分，你不妨跟信任的亲朋好友聊一聊，或是找心理咨询师讨论，进一步找到提升"心理技能"的方法。

得到正向的竞赛经验很重要

在运动场上，由于承受高度的压力，教练和运动员往往会以求胜为目标。获胜虽然重要，但也要评估需要付出的代价。

拼到牺牲健康，值得吗？

只求胜利，忽略个人发展、家人朋友关系，值得吗？

为了求胜，不择手段，甚至危害对手的健康，值得吗？

在运动生涯发展的过程中，教练要确保运动员得到正向的竞赛经验，这是很重要的。观看赛事转播的过程中，你不仅可以看到运动员的心理技能，还能观察到运动员获得的是"正向的竞赛经验"还是"负向的竞赛经验"。

有着"正向的竞赛经验"的运动员会展现出公平比赛的意识，不会试图走旁门左道赢得比赛。他们在比赛的时候，也会展现正向的人格特质，通过比赛精进技巧。

倘若运动员有较多"负向的竞赛经验"，他们就会表现出不良的人格特质，例如，情绪失控打人，缺乏团队精神；形成扭曲的想法，总是在抱怨不满，认为资源分配不公平；变得没有责任感，赛前喝酒熬夜，或是随意退出比赛。

当运动员成为大家注目的焦点，变成运动明星之后，很多诱惑就会开始出现，无论是金钱还是性，假如没有养成正向的人格特质，他们就很容易迷失，葬送大好前程。有次我跟一位运动心理专家讨论影响运动员运动生涯长短的关键因素，根据他长期的观察，他认为最重要的因素，就是纪律和品德。

因此，要成为顶尖的运动员，不仅要磨炼运动技能，更要锻炼生活技能，同时让身体、心理、社交、情绪、道德各方面均衡发展。持续保有比赛的热情以及健康的性格，才能让专业的道路走得长远。

[小练习] 向运动员学习攀登顶峰

在人生的舞台上，也有很多竞赛的场景，最常见的是业绩竞赛、晋升竞赛。"正向的竞赛经验"可以让我们累积实力，攀登专业的顶峰。

也有"负向的竞赛经验"，例如，为了赢取资源获得升迁机会，不惜发动办公室斗争，发黑函攻击别人；开会时对同事咆哮，使用情绪性语言霸凌别人，孤立别人赢得权力等。这些做法在短期内似乎能让人得到很多好处，可是长远来看，一定不利于身心健康，这会扭曲我们的人格特质。对别人产生敌意，会让人变得越来越没有安全感，越来越不快乐。

追求卓越比赢得胜利更重要

想成为顶尖的运动员，追求卓越比赢得胜利更加重要。追求卓越的道路不是一马平川，而是高低起伏、不可预测的，考验着运动员的韧性跟决心。

提到篮球，很多人的脑海中马上浮现出篮球之神迈克尔·乔丹（Michael Jordan）的身影。这位最有价值的球员，不管是在球场上还是商场上，其表现都可圈可点。但他的篮球生涯也不是一帆风顺，他初入联盟时曾经被老球员抵制，后来因"扣篮落地摔伤"被质疑"是否还能飞"，甚至因为对篮球失去热情突然宣布退休，也遭遇过父亲被刺杀的创伤，但这些挫折都没有阻碍他追求卓越。

一场精彩的比赛中，高超的竞争者懂得在竞争中合作。竞争与合作是相辅相成的，双方尽力在比赛中追求卓越，可以激发彼此最大的潜力。对于运动员而言，成功的起点是热爱比赛，是享受学习的过程，是熟练比赛技巧，是开心参与竞赛，还要对努力达到目标有荣誉感。

"追求卓越"还能够帮助我们突破限制。对所有运动员而言，年龄都是不可回避的限制，哪怕是天赋再高的运动员都必须接受这个现实。然而，有"三分球王子"称号的NBA球星安德烈·英格拉姆（Andre Ingram）却打破了这个限制。他在NBA发展联盟奋战十年之后，终于在32岁"高龄"时成为湖人队的一员，连媒体都说他"追求卓越的故事可以写成剧本，拍成励志电影"。

教练卢克·沃顿（Luke Walton）看着英格拉姆一路奋战，非常肯定他的精神。沃顿告诉全世界的球迷："英格拉姆能够激励我们的球员以及所有的运动迷，他只是专注于自己的训练，并且争取到机会，接着发挥实力，他奋斗的过程适用于我们每一个人。"

在电视上看到英格拉姆满脸笑容地感谢教练的时候，我看得出他拥有强健的心理肌力。

[小练习] 向运动员学习不断超越

其实不只是运动员，对任何领域的精英而言都一样——成功不是结果，而是一次旅程；成功不只是赢得比赛，更是不断地进步。因此，努力学习与追求进步才是根本之道，获胜只是追求卓越附带的结果。

追求卓越的过程中，自我觉察（Self-Awareness）的敏锐度很重要。了解自己可以帮助我们加快学习，提升技巧融会贯通的速度，提升成功率。想要增进自我觉察的敏锐度，我们不妨常常思考自己的价值观，观察自己的想法和行为。

你的价值观和行为一致吗？

有没有想的和做的不一样？

行为有没有偏离常轨？

有没有觉得别人的提醒很刺耳？

有没有一直在为自己辩护？

面对无数选择时，倘若能忠于自己的价值观，那么在做决定时，价值观就会帮助我们排出优先级，清楚什么对自己是最重要的，让我们更快做出与价值观一致的决定。

做咨询的时候，我经常听到当事人懊恼地说："很后悔当时没有忠于自己的价值观，现在的生活并不是自己想要的。"

一方面，被别人的价值观牵着鼻子走，会让我们感觉不到自己存在的价值；另一方面，当我们的行为偏离常轨时，则会觉得别人的提醒特别刺耳，然后不断为自己辩护。能否在这两者间取得平衡，可以说是我们幸福与否的关键。

做好"心理能量管理"，减少身心耗损

我们的心理能量是会流动的，如果心理能量流动到"焦虑不安"，害怕输掉比赛，那就没有能量流动到"专注练习"。如果心理能量流动到"自责懊恼"，我们就很容易因为过度练习而受伤。

运动员在成名后，心理能量流动的方向也会改变。有些明星运动员的能量会流动到"外务活动"，自然就会挤占练习的时间。有些运动员的能量流动到"如何成为全场注目的焦点"，难免会分心，没办法专注于比赛。

倘若运动员的心理能量流动到"忌妒"，他们就会陷入比较的旋涡里，靠着不平和愤怒的情绪驱动自己赢得比赛。心理能量的耗损，往往不会在当下立即显现，而是使人慢慢失去动力。

[小练习] 向运动员学习管理心理能量

无论是在演讲、课程中，还是在心理咨询中，我常常发现很多人的心理能量都流动到担心、焦虑、烦恼，而没有流动到此时此刻正在进行的事情上。要知道自己心理能量流动的方向，我们可以检查下面这四个心理需求。

第一个心理需求：是否拥有乐趣，感觉潜能被激发？

第二个心理需求：是否感觉被团队接纳，拥有归属感？

第三个心理需求：是否同时拥有控制力及自主性？

第四个心理需求：是否感觉自己是有能力的，充满能量的？

做好"心理能量管理"，既可以让我们的潜能得到最大限度的发挥，同时还能令我们身心舒畅、心情愉快，拥有饱满的能量。

04 让心理能量流动到对的地方

童年时代的四大行动目标

很多人的职业生涯发展不顺利，是因为他们的心理能量用错了地方。把心理能量用于"抗拒"的人，就没有能量流动到"学习改变"；把心理能量用于"焦虑"的人，便没有能量流动到"改变情境"。

心理能量用错地方的人，通常是由于童年时代设定了四种不合理的行动目标。

努力获取别人注意（Attention Getting）

努力获取注意的人在被别人责备、纠正行为后，偏差行为依然不断出现。这个时候，我们可以觉察一下，被责备的感受是什么？这个方法可以帮助我们辨识行为背后的目的。通常渴望被注意的人会出现下面这四种行为模式：

一种是"主动而有建设性"的行为。譬如，努力当模范学生，因良好的口才受人欢迎。

一种是"主动而有破坏性"的行为。譬如，爱出风头，特别爱表现，浮躁不安。

一种是"被动而有建设性"的行为。譬如，常会出现很多腻味人的动作或行为，或是过度虚荣自负。

一种是"被动而有破坏性"的行为。譬如，个性害羞依赖，外表不修边幅，缺乏专注力，做事情常常半途而废，过度自我放纵，言行轻浮，内心焦虑害怕，有时会有饮食问题，口语表达存在障碍。

想知道自己是否渴望被注意？其实很容易判断，不妨观察一下，自己做事情时，是将重心放在引人注意上，还是会默默把事情做好？做好之后，如果没有得到夸奖和称赞，自己会觉得不被重视吗？

倘若答案是需要被别人看见，无法默默耕耘，就代表你的内心渴望被人注意。

[小练习]重新设定能量流动的方向

我们与其运用不适当的方式来获取别人注意，不如运用"鼓励技术"（Encouragement）来转变行为，看到自己行为背后的意义，给努力付出的自己多一点鼓励。

努力寻求权力（Power Struggle）

努力寻求权力的人常会出现的行为模式是：喜欢反对、抗议，倔强不服从，常常发脾气，别人很难预测他的行为，偏爱不受拘束的感觉。

工作的时候，寻求权力的人常会忍不住跳出来说："某某人做不好，我能不管吗？""我怎么可以不出来救火，放任大家乱来？""这么重要的事情怎么可以不先跟我讨论？"

如果争取不到自己想要的权力与支配感，他们就很容易感到愤怒。特别是被别人训斥时，他们在心理上会想要夺回权力，渴望掌控、支配，按照自己的方式做，或是证明别人管不到自己。

[小练习] 重新设定能量流动的方向

想要争取权力时，避免跟别人做权力的"拔河"，需要清楚地知道采取夺权行为后会发生什么后果，自己选择做法，并且承担后果，用正向的方式享有掌控感。

采取报复行动（Revenge）

采取报复行动的人多半遭受过内心的伤害，期望别人了解自己内心的挫败感。他们总是认为"成绩好，父母才会爱我"，进入社会后总是觉得"我要有成就，赚很多钱，别人才会看得起我"，因而产生很多扭曲、负向的想法。反映于外在的行为上，就是采取反击、报复来获得权力感。这类型的人常见的行为模式是：有暴力倾向，对别人没有同理心，想要为自己讨回公道。

事实上，很多社会案件的加害者都是属于报复者，他们的偏差行为背后都隐藏着沟通问题，以及无法消除的挫败感。他们渴望别人无条件积极关怀自己，如果感觉别人不喜欢自己，也感受不到自己的权力，就会想让别人体会被伤害的滋味。

[小练习] 重新设定能量流动的方向

要改变一个人设定的错误目标，让他从采取报复行动转成建设性行动，需要他跟周围的人重新建立关系。拉近他与别人的距离，让他感受到别人的关心，累积成功的经验，才能降低他内心的挫折感。

表现无能（Display of Inadequacy）

此类型的人希望别人对自己不要抱任何期望，内心常会觉得自己很没用，拒绝与外界接触。表现在行为上就是懒惰，个性被动。有些人也会用暴力来隐藏内心的无能感。

在咨询的过程中，我发现有些家长会无意识跟孩子说："你好可怜哦！""我对你没有什么期望，你只要长大就好。"但是当孩子慢慢长大，他们又会担心地跟孩子说："我们老了，没办法照顾你一辈子，你只要养活自己就好了。"

这些语言表面上好像是避免给孩子压力，实际上却会让孩子变得消极无力。当我们自觉"好可怜""没期望""没有能力照顾别人"时，就会什么也不做，回避问题，表现得消极无能。

[小练习]重新设定能量流动的方向

不要觉得自己很可怜，多安排会让自己产生成就感的活动，跟别人一起讨论解决事情的方案，让自己产生价值感。

忽略检查表

　　日常生活中，你如果常碰到过不去的关卡，或者总是出现相同的困扰，或是言语里经常出现"这没有用""那没有用"的话，就表示自己可能忽略了一些重要信息，不妨花点时间做做下面这张"忽略检查表"。

- 是否忽略有效可行的办法？

  是 □　　　否 □

- 是否忽略可以使用的资源？

  是 □　　　否 □

- 是否忽略此时此刻的状态？

  是 □　　　否 □

- 是否忽略别人做过的努力？

  是 □　　　否 □

- 是否忽略别人现在的改变？

  是 □　　　否 □

- 是否忽略别人的感受？

  是 □　　　否 □

- 是否忽略自己拥有的能力？

  是 □　　　否 □

协助自己理出头绪的具体问题

想要走进自己的内心世界，理出头绪，有时候从微小的地方开始，从生活中的某个片刻入手，反而会有意外的收获。

- 如果自己愿意去面对问题，忽略的地方可能是……
- 之前需要注意的地方可能是……
- 回顾过去，自己的感受与想法是……
- 能做哪些事情让自己对状况更清楚一点？
- 有时候混乱也是有好处的，如果知道的话，"混乱"对自己的好处是什么？
- 想象一下，如果有人能用不同的方式解决问题，会是什么方法？
- 自己没有做的选择可能是什么？
- 如果自己已经做了平常该做的事情，但问题还是无法解决，或是目标还是无法达成，下一步会是什么？

试着在每个问句中加上"可能"两个字，会让问句少一点威胁性，你就能以更开放的心态面对自己没有注意到的地方。

当你发觉自己离想要的目标越来越远时，不妨检查一下，心理能量是否流向了没有帮助的地方，如果有的话，就调整一下流动的方向。此外，你也可以做做"忽略检查表"，看看有没有自己一直忽略的地方，再用"理出头绪的问题"协助自己找到可行又有效的方法。

05　善用正向情绪表达法

做咨询的过程中，我发现很多人发展不顺利是因为无法消除不甘心的情绪。

如果心中有个让人不平衡到难以原谅的对象，我们整个头脑都会被这个人的事情所占满。不少人想到明明自己没有犯错，却因主管提出的不合理要求被迫离职，还被贴上不胜任、不配合的标签，内心的委屈就如同野火般一发不可收拾。也有人莫名代人受过，别人把过错推到自己身上，众人还不明就里地胡乱指责，做事情的人被声讨，不做事情的人反而得到升迁，不知如何才能让自己的情绪平复下来。还有人是被信任的人背叛，内心受到强烈打击，情绪起伏不定，既怨恨对方，也气自己怎么连人性好坏都分辨不清。

你要觉察一下自己的注意力，是否被愤怒的情绪淹没，让自己没有心思计划任何事情。如果是这样，你不妨问问自己：为何会对这个人或这件事情如此耿耿于怀呢？

若你不想被别人的恶言恶行困住，可以试试下面的步骤。

第一步：消除"这个人或这件事情"对自己的重要性

当我们看轻或忽视自己时，内心就很容易受到伤害，在人际关系上也会饱受煎熬。心灵受苦的人，多半很在意别人的评价，而且任何人的评价他们都很介意。同样一句话，有人认为无伤大雅，也有人会介意到辗转难眠。

举例来说，有的人听到别人说"这你应该想到的，为什么没有想到"，他就会不断反省："为什么自己会没有想到？"

有的人听到别人说"你真的很麻烦"，他就会反复琢磨："这句话是什么意思？我哪里麻烦？他为何要这样说我？"他会越想越难过。

有的人听到别人说"每个人做好分内的事情，你不要影响别人"，他就会产生"自己没用、不够好"的挫折感。

有的人听到别人说"你用点头脑思考"，他就会觉得"对方是否暗示自己是个笨蛋"，对自己产生负面感受。

想要降低别人对自己的负向影响，你需要有"原谅的力量"。原谅对方，并不是为了对方，而是为了自己。

第二步：觉察受压抑的怒气，并为其找到出口

受压抑的怒气没有得到妥善处理，情绪就会一直停在不安、愤怒、绝望的状态中。而且，这股发不出去的怒气还会回过头来折磨自己，有时让我们焦急慌乱，有时让我们胆怯顺从，有时让

我们身体不适，甚至严重干扰我们的睡眠。

很多人对主管的不满情绪已经到了使自己心悸胸闷的程度。想到主管只会挑剔不会做事，只会抢功，没别的本事，只会骂人没有建设性意见，他们就会浑身发抖不舒服。

倘若你连续几晚都无法安稳入睡，不妨先觉察一下：自己心中是否累积了过多的愤怒情绪。深藏在潜意识中的怒气，很多是为了人际关系圆满，勉强自己妥协时所产生的。由于不想跟对方起冲突，你只好压抑怒火，怒气被赶到潜意识中，通常会转成抑郁的情绪。

睡不着的时候，你可以问问自己：自己现在到底为什么生气，对谁存有不满？

吐露愤怒的情绪，对自己和别人坦率，一方面可以疏解情绪，另一方面也可以增加自我能量。我们一旦释放了生气愤怒的情绪，连带的，也释放了抑郁、焦虑、痛苦、压抑的感受。

第三步： 用"正向情绪表达法"直接表达出心中不满的感受

"正向情绪表达法"的步骤是：先以不带情绪、不批判的方式把事情的来龙去脉描述清楚，再明白告知对方自己的感受，然后明确告诉对方——希望对方做什么。

譬如，很多人都会遇到"被询问时不回复，事后却责备别人思虑不周"的人，这个时候，就需要先把整个过程说明清楚。比如，你在什么时间把什么信息传给了对方，他却没有答复。当你再度询问时，对方却说"还需要一点时间"，由于时间紧迫，你需要先做决定，如果对方觉得"思虑不周"，希望他可以在截止期限前给出"思虑周到"的建议，相信会很有帮助。如果事后才说"思虑不周"，你会觉得有点委屈。

"自我表达"对消化情绪是很重要的，让对方理解自己的难处，委屈的情绪才能得到平衡。只有情绪获得疏解，你的烦恼才能慢慢递减。

第四步：把注意力从不甘心转向快乐的经历

很多内心充满不甘的当事人，注意力都放在"对方不能让我得到什么"上面，觉得"我今天会这样，都是对方造成的"，或是认为"如果不是对方，事情也不会这样发展"，或是认定"都是因为对方拖住我，让我无法追求自己想要的人生"。

我们想要改变人生的剧本，就要转移注意力——把注意力从不甘心转向快乐的经历。写下自己所拥有的幸福，可以帮助我们不被负面情绪困住。

我们想要锻炼强健的心理肌力，学习消化负面情绪是很重要的一步。我们可以通过自我实现与主动学习，来消除内心的不甘与怒气，当我们充满能量时，就能斩断束缚，更能让心理能量流动到自己想做的事情上面。

06　放不下工作的人，会不自觉耗损心理能量

我们每个人的个性不同，心理负担也不一样。放不下工作的人，不仅晚上睡不好，白天工作时也很容易感到焦虑恐慌。事实上，问题不在于工作量，而在于心态。如果做好工作的目的是为了获得别人的赞赏，期望别人对自己另眼相看，我们就会不断担心自己表现不好。

抑郁的人，大多没有办法放下尚未完成的工作，会时刻挂心尚未完成的工作。他们通常自我要求高，如果无法达成自我要求，便会自我责备。

"非如此不可"的人，则很容易感到疲累，为了消除疲累，就会想让自己赶快休息，拼命想让自己睡着，结果越努力越认真，就越睡不着。

渴望获得更多的人，往往喜欢追求效率，不喜欢浪费时间，不会无所事事，他们重视结果而不关心过程。

由于放不下工作的人对压力的容忍性很强，所以，他们往往都在心理能量耗光的状态下，才意识到需要调整心态。

协助自己转换焦虑性想法

放不下工作的人多半有焦虑性的想法，所以，在咨询过程中，我经常帮当事人确认他是否有下面这些焦虑性想法：

- 自己有被认同的需求，总是担心别人怎么看待自己。

  是 ☐   否 ☐

- 大部分时候都活在未来，每件事情都做最坏的打算与预期。

  是 ☐   否 ☐

- 会夸大负面的事情，经常会感受到焦虑的情绪。

  是 ☐   否 ☐

- 抱持完美主义，认为任何一点小错误都代表彻底失败。

  是 ☐   否 ☐

- 拥有固执的想法，会坚持某些想法，不肯做任何调整。

  是 ☐   否 ☐

"是"越多就代表你越容易陷入焦虑性想法中，不自觉耗损心理能量。

在带领当事人降低焦虑的过程中，我发现有一个方法用来转化焦虑性想法效果最好，就是询问当事人：如果有朋友或认识的人跟他有同样的状况，他会如何给对方建议。几乎每个人都能马上想到答案，奇妙的是，当自己身陷其中时，却无法调整想法。

跳出来，从别人的角度思考，就能带领自己摆脱焦虑性想法。

07 锻炼撑过险境的内在勇气

评估内在勇气

心理学大师阿德勒在自我探索的过程中发现：不凡的成就常常来自"勇于克服阻碍"，而非天生的才能。所以，当我们觉得自己能力不够时，努力充实自己，锻炼能力，才可能有所成就。

勇气有助于我们锻炼撑过险境的心理肌力（Psychological Muscle），同时要谨慎评估环境风险，而非不切实际的乐观主义。

是增加勇气，还是增加恐惧

无论在台湾还是大陆，我们都可以看到很多"开发潜能"的课程，特别是针对儿童的。从心理专业的角度来看，有些课程真的会让人感到忧心。

通过学习，孩子表面上看起来好像很勇敢，但事实上，孩子的内心可能累积了大量的恐惧，甚至有些孩子因此产生创伤后应激障碍（PTSD）。

另外，还有些"开发潜能"的课程不断给学员灌输"我一定要成功"的信念，短时间内似乎很有激励效果，但时间一长，"一定要"的信念反而会降低学员的"挫折容忍力"，让他们无法接受事情跟自己预期的不同，引发各种身心症状。

这些课程带来的心理影响，往往不会在当下立即显现，而会在这些学员长大成人之后逐渐发酵，无声无息地影响他们的心理健康。

我发现有些害怕犯错的人，小时候学钢琴有过痛苦的经历：一弹错就会被老师打手指。经年累月，他们对于犯错总是提心吊胆，潜意识避免让自己去做任何可能会被处罚的事情。

很多人认为，体罚可以规范人的行为，激励学习。但从心理健康的观点来看，体罚只会增加人们内心的恐惧感，打击我们的自信心，降低我们的自尊心。所以，无论处罚或恐惧，都无法让我们产生智慧，积极与人合作，做出适当的抉择。

如何评估自己的"内在勇气"

我在进行"员工心理咨询与辅导"的过程中发现，很多人在工作时所面临的突发状况，已经不是偶发状况，而是常态情形。面对这样的工作环境，员工一定要自我激励，引发内在的动机，如此才能在弹性就业时代把握机会，创造更多的可能性。

要检测自己是不是心理健康，是不是拥有足够的"工作勇气"，你可以通过回答下表中的问题找到答案。

评估你的内在勇气

- 当工作或生活遭遇挫折时，能够产生内在力量，负起自我责任。

  是 □　　否 □

- 在工作中，可以看到自己的成长轨迹，以及进步的地方。

  是 □　　否 □

- 充分了解自己的专业能力，也能掌握自己的生涯优势。

  是 □　　否 □

- 乐于接受工作挑战，同时也能够享受工作带来的成就感。

  是 □　　否 □

- 重视自己对公司、团队、周遭的人的贡献度。

  是 □　　否 □

- 工作的过程中常常会自我激励。

  是 □　　否 □

- 遇到工作瓶颈时，会重新思考工作的意义。

  是 □　　否 □

- 对未来充满好奇心，想探索自己的潜能。

  是 □　　否 □

"是"越多，代表你越是具有充沛的"内在勇气"，生存、适应的能力越强。事实上，工作不只是赚取薪水这么单纯，工作的过程中，你常会跟"内在的自我"对话。如果你常常感叹自己为"五斗米折腰"，就代表你没有找到工作的价值与意义，所以才会产生空虚感与抑郁感。

评估勇气的指标

依据对自己和别人的信任程度，以及"社会兴趣"的多寡，我们也可以评估自己的勇气强度，以及心理健康的状况。

"社会兴趣"是一种跟别人联结的感受与能力，拥有社会兴趣的人，才会有利己与利人的行为。事实上，我们所有行为的目的都是获得归属感，并且感觉自己的重要性。因此，具有"社会兴趣"的人，在人生的三大任务——工作、友谊及亲密关系中都会做出有利于社会（Social Usefulness）的行为，他们必然会拥有健康的身心。

我们可以从两方面探索"社会兴趣"，一个是合作度（Cooperation），一个是贡献度（Contribution）。

工作是展现自我的舞台，认真工作的人不但可以达成生活目标，而且能获得归属感、优越感。勇气帮助我们以"合作接纳""参与贡献"的方式来克服困难。也因此，拥有"社会兴趣"的人比较容易拥有较高的工作满意度。面对突发事件时，我们不妨引导自己看清事实。知道自己要做什么，自然能把"变故"转化为"机会"。

失败时肯定自己的努力

心理咨询的历程，就是咨询师引导当事人找到阻碍其勇气的根源，然后搬开这些阻碍，让当事人自己克服困难。我们要增强克服困难的能力，重要的是，在失败时能够肯定自己的努力，而不单是在成功时赞许自己杰出的表现。

我做咨询最大的喜悦，是看见当事人在面对生命的难关，经历挫折、失落、生病等痛苦时刻，心中有改变的勇气，内在产生源源不绝的能量，进而安顿自己的身心。心理咨询师的任务就是陪伴当事人理出头绪，使他们能够觉察自我心理成长历程，完成一次丰富、感人的心灵旅程。

培养"改变的勇气"的具体步骤

在陪伴当事人改变的过程中，我整理出了培养"改变的勇气"的具体步骤。

第一步：接纳"现在的自己"

很多人习惯"小看自己"，于是常常会打击自己，"我大概做不到。""事情没有那么简单。""我不适合做这个。"

当这些打击自己的声音出现时，我们试着用温暖、同理的态度对待自己，不苛责、不批判。"不批判"是以"不伤害"为原则，当自己或别人没有达到设定的目标时，先不去批判，因为无论是苛责自己或别人，都违反了"不伤害"原则。

第二步：增加改变的勇气

做职业规划咨询的时候，我常常会碰到"害怕舍弃现有生活方式"的人。例如，习惯用发脾气、责骂下属来达到目标的主管，仿佛不骂人就不会管理了。

所以，学习用不同的方式应对当下的情境，而且得到更好的效果，这就是"改变"。勇于"舍弃现有的方式"就是最好的"改变"。在面对与过去相似的情境时，你可以试着用不同的方式处理，看看会产生什么变化，久而久之，你自然就会拥有改变的勇气。

第三步：调整主观的解读

为过去所发生的事件赋予"新的意义"，你会发现自己的情绪随之转变，眼前的世界也因此而不同。如果你觉察自己有很多能量都耗在情绪上，譬如，情绪不好就无法专心工作，情绪不好就失去学习动力，情绪不好便动弹不得，你就需要重新调整主观的解读。

心理咨询师的工作，常常是带领当事人"换一副看世界的眼镜"，不同的镜片会带来不同的风景与感受。

第四步：区分这是"自己的"议题还是"别人的"议题

区分这是"自己的"议题还是"别人的"议题，然后，把"自己的"议题跟"别人的"议题切割开来，不过度涉入"别人的"议题。这样一来，我们可以把能量用于"利他"，而不是用于"控制"。

事实上，"热心帮助别人"跟"不涉入别人的议题"是可以并存的，关键在于你要"尊重别人的选择"。

很多时候，我们一旦投入时间与情感，就会希望对方接受自己的建议，要是对方有不同的选择，就会觉得很受伤，"我是为你好，为什么不听呢？"

我们花很多时间说服别人接受自己的想法和做法，却忽略我们已经把"需要被肯定"的心理强加在别人身上。看清"自己的"议题，我们才能找到改变的方向，这是很重要的。

第五步：感受自己的价值

什么能让你觉得更安全或更有价值感？很多人都觉得是"外在环境"让我们缺乏"安全感"和"价值感"。事实上，"安全感"和"价值感"是没有办法从别人身上得到的，答案在自己身上。当我们"相信自己"时，自然会有"价值感"，当我们"质疑自己"时，就会没有"安全感"。

很多时候，我们之所以会害怕改变，就是因为不相信自己可以做到，如果相信自己可以达成任务，我们便会充满勇气地去面对一切改变。

08　如何克服恐惧：借由"苏格拉底提问法"来探索自己的"勇气伸展圈"

弹性就业时代的特色是没有既定的轨道与路径，每个人都需要运用"生命力"和"自由感"来应对外在环境的变迁。有趣的是，"自由发挥"常常会带给我们更多的恐惧。我们要"自己摸索""自己找答案"，没有"前例可循"，需要学习运用"创意的力量"去想象各种可能的答案。

如何转化"害怕"的感受

我在企业进行"员工心理咨询与辅导"的过程中发现，当公司鼓励员工尽情发挥想象力，给员工机会让他们创造各种可能性时，随之而来的，不是员工们欣欣鼓舞地享受工作乐趣，而是他们会对未来满怀担忧与害怕。

员工为何会产生这样的心理？我们不是一直期盼公司不要限制我们的发展，给我们自由发挥的空间吗？当这个愿望真的实现了，为何我们会如此害怕？

为了让员工有勇气创新，主管会鼓励他们"不要害怕尝试""尽情在草原奔跑"，但这些鼓励通常都无法发挥功效，反而会让员工觉得"主管只会讲没有用的空话，一点帮助都没有"。

我如果跟主管讨论："员工能得到什么帮助？"主管就会表示："我也不知道答案啊，员工要自己想办法。"全公司上下充满了无力感。倘若主管内心焦躁不安到了极点，为了立刻降低焦虑，他可能会用高压的方式，逼迫员工立刻提出解决方案。

事实上，克服"恐惧"的第一步，是愿意倾听"害怕"的声音，而不是"假装不怕"。"害怕"传递的信息是不想面对挫折，想要逃避改变，固守旧有模式，试图掩饰预期中的失败。

虽然一辈子做同一个工作直到退休的时代已经过去，但还是有很多人想要寻找安全稳定、有保障的"铁饭碗"。

当我们可以运用"害怕"来促成"改变"时，"害怕"就会从"负向情绪"转为"正向思考"。

如何转化"害怕"的感受？你可以借由"苏格拉底提问法"来拓展自己的"勇气伸展圈"，它介于舒适圈（Comfort Zone）与恐慌圈（Panic Zone）之间的安全地区。

拓展"勇气伸展圈"

请你走进自己的内心深处，体会一下：自己最不想面对的恐惧是什么。

回顾自己的职业生涯，我觉得自己最难面对的恐惧是"不确定感"。虽然有些合作伙伴是固定的，但是工作内容全部都不确定，每个星期的行程都在变动，每个月会发生什么事情我都不能掌控，每一年会变成什么样子都不可预测。

加上在我的职业生涯中，曾有过所有工作在同一个时间消失的经历，所以，每当有工作无预警的取消时，我对未知的害怕就会启动，我会担心这是不是一个警示，会不会引发多米诺骨牌效应？

为了克服对"不确定感"的恐惧，我努力拓展"勇气伸展圈"。我的方式是有空档就去学习，让自己接受"继续教育"。这个方法不仅能有效克服恐惧，也给我很多灵感启示，让我有机会从不同的角度，重新审视自己的职业生涯发展状况。

另一个降低"不确定感"的方法，是培养固定的合作伙伴，通过跟合作伙伴讨论，也能帮我开启新的可能性。几乎每一年我都会增加一些新的工作内容，不会每年都做一模一样的工作。

其实运动员、演艺工作者、创业者、自由工作者，都是属于"弹性工作模式"，他们也会产生相似的恐惧、不确定心理。例如，运动员最害怕在运动技能处于巅峰的时候受伤，不但要承受身体的痛苦，更要经历心理冲击，害怕自己无法恢复原本的水平，失去丰厚的收入。

当内心充满恐惧的时候，我们不想看到什么，不想听到什么，不想说什么？一旦内心有"不想面对的事物"，我们内心的平静以及前进的步调都会被打乱。

不少顶尖运动员为了尽快回到运动场上，在复健的过程中急着投入训练活动，甚至因此跟医护人员发生争执。但其实如果没有完全复原，过度求好心切，反而更容易导致运动受伤。很多演艺人员之所以会积极发展副业，也是因为他们清楚大众的兴趣不在自己的掌控范围内，他们渴望拥有自己可以掌握的事业。

我见过很多人在极度焦虑的状况下做出决定，事后他们都会懊悔，发现那不是自己真正想要的。然而，即使如此，我们还是可以通过每一次的选择，多了解自己一点。

弹性就业时代要如何做好自我准备

弹性就业时代要做好哪些自我准备？从演艺工作者、运动员、企业家的身上，我们可以找到不少线索，特别是从偶像身上，我们可以得到许多启发。

我们不妨问问自己：在成长过程中，自己最仰慕的偶像是谁？

这个对象可以是名人，可以是电影或小说中的人物，也可以是身边的亲朋好友。

想一想：这个人物对自己的影响是什么？

偶像会反映出我们认同的人格优点，我们会采用跟所崇拜偶像类似的方法来解决问题。因此，我很珍惜录节目的机会，因为可以跟自己心目中的偶像近距离接触，感受真实的生命热度。

弹性就业时代，倘若没有做好自我管理、自主训练，很多人会在焦躁不安时通过打游戏转移注意力，有的甚至成瘾。这不只会让人原地打转，更会让人向下沉沦，耗损大量心理能量。

另一个在弹性就业时代需要做好的心理准备，是面对周遭亲戚朋友们的好心建议，或是各种闲言闲语时，要有强健的心理肌力，让自己不被"杂音"影响。

这不是能够简单应对的状况。因为在弹性就业时代，大部分的努力成果都不是一时之间就可以呈现出来的，这个时候，假如亲人不断质疑："为什么你不那样做？"或是认为："你应该这样做才对。"甚至觉得："你太天真了，那样做不会成功的。"这些真的会把我们满腔的热情浇灭，让我们开始对自己的抉择失去信心，产生"还是乖乖走回原路"的念头。

我自己力拒闲言闲语的心法，是通过"苏格拉底提问法"引发内在的动力，坚定自己的主张。

引发内在动力的"苏格拉底提问法"

下面这些"苏格拉底提问法"中的问题，可以帮助我们跟自己的内心对话，答案越开放越好。

成为心理咨询师之后，我最痛苦的事情就是上节目时被要求分享当事人的故事，或者约稿方要我写文章呈现当事人的经历。我必须力拒这些建议，我很清楚大家喜欢聆听别人的故事，因为讲故事比讲道理更容易被接受，但我更重视专业的伦理。要如何兼顾两者？跟自己的心灵对话后，我找到一个平衡点，我想让大家了解的是"心理状况"，我们每个人在同样状况下都会有相似的感受想法，我想要分享处于这些"心理状况"下，做什么对自己比较有帮助，至于故事写得是否精彩、吸不吸引人，已经不是我最主要的考虑。

苏格拉底提问法

- 你曾经感觉到自己的天赋所在吗？那是什么感觉？

  _____

- 你会如何运用自己的天赋？做什么事情最让你感到胜任和愉快？

  _____

- 自己最引以为荣的事情或成就是什么？

  _____

- 现在的工作可以给自己的人生增色吗？

  _____

- 倾听内心及周遭的声音：目前有什么事情正在呼唤自己去

  做吗？

  _____

- 感觉一下：什么类型的人或团体最触动自己的心灵？

  _____

心理咨询中的阿德勒学派有各种不同功能的"苏格拉底提问法"，我常常用它来刺激思考，帮助自己和当事人从不同的角度看事情，既能避免固着，也能坚定自己的抉择。

特别是眼前有两条路可以选择的时候，我们很容易出现认知失调的状况，选了 A 路线，一旦有不符合预期的事情发生，我们就会懊悔，觉得当初应该选 B 才对；反之，若是选了 B 路线，一旦有不合心意的事情出现，我们也会悔不当初，自责早知道应该选 A 才对。

在弹性就业时代，条条大路都可能通往梦想之城，走错路有走错路的学习机会，绕远路有绕远路的意外收获。只要我们懂得将"恐惧"转化为有建设性的行动，就能引导自己达成生命的目标。

09　找到自己的心理成功公式

了解自己的生命风格，亦即行动方向、情绪类型、思考风格，可以帮助我们在弹性就业时代发挥自我功能，进而不断创造新的生存方式，以及找到调适心态的方法。

每个人都拥有不同的"人格特质"。"人格特质"指的是我们处理事情的策略，以及求取成功的公式（Success Formula）。

当我们信任自己时，就不会自我怀疑。当我们依照自己的独特之处、天赋才能、兴趣爱好来发展时，最有可能取得成功。因为"内在的动力"比"外在的推力"更能引发我们深层的动机。

了解自我的"苏格拉底提问法"

如果你渴望自我实现、想要感受自己的价值感，这个时候，就需要进行一场"苏格拉底对话"，为自己的职业生涯理出头绪。

"苏格拉底提问法"的基本原则是，尽量用"是谁""是什么""在哪里""何时""如何"的问句，避免询问"为什么"。

提问

- 关于那件事情，体会一下：自己的感受是什么。

感受

- 当你想到这件事情的时候，会有什么感受？
- 用一个形容词叙述自己的感受。
- 用一个比喻形容一下你的感受。
- 觉察一下：身体的哪个部位对这个感受会有反应，同时觉察身体感应到什么。

感受的背后隐藏着我们的想法，可以帮助我们快速实现自我觉察。

选择

- 你归纳的这个结论是如何来的？
- 在众多的可能性中，是什么让你决定这样做？
- 关于这件事情，你最关心、在意的是什么？

职业生涯就是一连串的选择，了解自己选择的历程，人生就不太容易陷入懊悔中。

关键点

- 就像电影倒带般，回顾一下：在事情发生的过程中，哪个画面让你印象深刻。

- 这个画面有什么特别的意义吗?

找到事件的关键点，不仅可以帮助我们学到经验，更能促使我们找到问题的答案。

整理

- 思考一下：现在你是否可以清楚地了解事情的来龙去脉。
- 事情从开始、经过到结束，是如何进行的? 最后如何告一段落?

常常整理事情的来龙去脉，可以帮助我们保持思路清晰，理出人生的头绪。

做决定的过程

- 你曾经做过什么重大决定吗?
- 对于当时所做的决定，你清楚地知道这个决定是如何做出来的吗?
- 跳出来观察一下：自己做决定时通常会考虑哪些因素。

每个决定的背后，或多或少都有我们的价值观，它都是有意义的。

内心的决定

- 你是否曾经在心里暗暗告诉自己：我以后一定要做到……
- 你是否曾下定决心：我绝对不要变成什么样的人；我绝对不要让什么事情发生。

这些内心的决定，常常跟我们小时候的经历有关。在我们的潜意识中，小时候的决定，往往会指引我们未来的行动方向。

犹豫不决的时候

- 如果这样做，可能会发生什么事情？
- 倘若不这样做，会出现什么状况？
- 万一事件的结果跟预期的不同，你会如何面对呢？
- 回想一下，上一次陷入犹豫不决是什么状况？
- 最后如何下定决心做选择？
- 如果有朋友跟你一样犹豫不决，你会给他什么建议呢？

犹豫不决的人通常很怕犯错误，试图做出一个"绝对不会出错"的决定，于是才会花费许多时间。

回顾自我的转型之路

以上这些问题，曾经帮我找到转型之路，让我摸索出使自己成功的方法。

回顾我自己的转型之路，就像打开了心灵的窗户。每当心里觉得郁闷难安，我就想推开窗户，呼吸一下新鲜的空气；每当生活出现瓶颈，我就想推开窗户，寻找心灵的答案，了解自己到底哪里不对劲。

人生第一次转型，是在我大学毕业，即将进入社会的时候。由于读的是大家眼中"最没有前途"的中文系，所以为了找到未来的方向，避免"毕业即失业"的痛苦，我非常努力地"自我分析"，一一列出自己个性中的优缺点及喜好，再参考各种职业需要的条件，然后天真地认为自己最适合做大众传播的工作。

为了从"中文系"转到"新闻界"，我非常认真地去各个大专院校的新闻系旁听，满怀热情地请教表现优异的新闻界前辈，积极主动地跟相关人士讲述自己的理想抱负。由于之前有专题研究经验，毕业后我顺利应聘进入一家杂志社。

第二次的生涯转型，是在我临危受命，当上杂志主编的时候。那时的我刚进入社会一年多，历练不够，能力也不足。刚接下主管任务不久，我便发现自己需要快速成长。当时我才23岁，其他部门的同事从30岁到60岁的都有。我该如何取得元老级员工的信任，该如何指挥各部门的员工一起合作，该如何掌握经营管理的先机，该如何熟悉各个合作公司的状况呢？

为了快速转型，我开始接触各种不同内容的课程：要怎么当个杂志社管理者，要怎么经营文化事业，要怎么预测未来的趋势，等等。这次的转型经验让我领悟到：不管上任何课程，都必须经过

"自省"和"消化"的过程,这些知识才有可能被灵活运用,不然就是"死的知识"。

第三次想要转型,是在我当上杂志主编多年,工作的热情逐渐减退的时候。当时我莫名地陷入情绪低谷,做什么事情都提不起兴趣,看什么事情都不顺眼。即使现在看当时的照片,我都还是可以感受到那股"莫名的怨气"。很多人都不喜欢负面情绪,其实,负面情绪的功能就在于告诉我们:事情不对劲了,需要做些转变,让人生有不同的方向。

为了重新燃起工作热情,我选择放弃一切,到美国去进修。在异乡的这段时间,我尝试各种新奇的事物,结交来自不同国家的朋友,乐于体验各种生活方式,积极参与各种活动。这次的转型经验,使我深深体会到:如果不去"自我设限",其实转型并没有想象中困难,就看我敢不敢冒险,给自己一个尝试的机会。

第四次想要转型,是在我从美国回来,应邀担任多家公司顾问的时候。我慢慢发觉,我不能再用旧的工作方式,来面对新的工作。我需要针对不同公司的需要,收集不同的信息;我需要针对不同老板的个性,采用不同的沟通方式,不能"一视同仁"。

有了这个觉悟之后,我开始养成随时搜集数据,以及主动发现问题的习惯。这样我才能和不同领域的老板讨论问题,并且找到解决之道。这次的转型经验给我最大的启示是:日常生活中的每一件事情,都可以帮助自己成长,并不一定非去学校上课不可。倘若我们能够用心观察周遭环境的转变，自然能够每天成长一点。

整理自己的转型历程，我发现自己早就已经进入弹性工作模式了，而且在当记者时养成的记录、书写习惯，让我清楚自己的想法、感受，指引我下一步的转变方向。

第五次想要转型，是在我进入写作的领域，成为专业作家的时候。在写作的过程中，我强烈渴望灵感，那种感觉就像一只饥饿的动物渴望食物。我到处找寻写作素材。几经寻觅之后，我终于明白每一次的成长经验，就是最好的写作题材。因此，与其"外求"，不如"自省"。只有亲身经历的故事，才是最感动人心的。

第六次想要转型，是在我和相处多年的男友分手的时候。当时我很想知道，为什么我会让曾经说过"没有你，我活不下去"的男友下定决心离开我？究竟我做了什么，或说了什么，会让他受不了我呢？我开始回想自己的恋爱历程，试图从中找到一些线索。

大量阅读心理学的书籍之后，我有了一些发现，我发觉自己是一个害怕承诺的人，似乎只要承认对方是我的男朋友，我就会失去自由，对方也不会再爱我、疼我。我发现自己羞于表达爱意，一厢情愿地以为"对方应该知道我的心意"。我发现自己对男友的要求越来越多，如果对方不懂得适时拒绝的话，心理压力就会越来越大，互动的感觉也会越来越疲惫。

这次的经历，让我对人与人之间的亲密关系、信任程度、感情需求有了更深一层的了解，同时也激发我想去探索别人内心的想法，以及他们的行为背后所隐藏的动机。不可思议的是，这次的成长经验，对我现在做感情咨询有很大的帮助，因为不少当事人都跟我有相似的心理历程，都是在最爱自己的人离去时，才产生了自我探索的念头。

被幸福包围的时候，我们往往只在意自己的感受和需要，而忽略了对方的感受和需要。很多时候，强烈的震撼虽然会带来痛苦，却也是最宝贵的成长机遇。我常常跟当事人分享自己的亲身体验：好的结束是幸福的开始。学会好好告别一段爱情，我们就可以进入不同的成长阶段。

第七次想要转型，是在我进入心理咨询的领域后。当时我对心理相关理论与各种咨询技巧越发渴求，除了积极参加不同咨询流派的工作坊外，我也去台大旁听人格心理学、社会心理学的课。听着，听着，我居然产生报考研究生的念头。

还记得考试的时候，我看到人山人海，心都凉了一半，心想：有这么多优秀的人才，而且大部分都是科班出身，我还有机会吗？

或许是因为没有抱太大希望，当我得知自己通过笔试，进入面试时，简直欣喜若狂，不敢相信自己真的通过了考试。这次转型，对我的职业生涯发展影响巨大，我仿佛找到了自己的天命。

我们每个人的成功公式，就藏在过往的经历中，无论是否习惯自我记录，你都可以通过下面这些"生涯发展历程"的问题，或多或少挖掘出一些自我成功特质。

成功公式就藏在过往的经历中

- 学生时期，你在班上承担哪些责任？你会如何面对自己的责任？

- 自己曾经做过哪些工作？

- 第一份有稳定收入的工作是什么？

- 在你做过的工作中，哪些是你喜欢的？哪些是你不喜欢的？

- 你目前的职业是什么？何以会选择这个职业？对于这个工作的感觉是什么？

- 你曾经做过长远的职业生涯规划吗？规划内容是什么？

- 你曾经想要换工作吗？想换什么类型的工作？

- 是否曾经对其他的职业有兴趣？何以会产生兴趣？

- 你通常扮演执行者还是观察者？

- 你会为自己的故事起什么标题呢？

- 你会不会小心翼翼地留意细节？这些细节中，其实暗藏着我们适合的职业线索，通过心理状态呈现出来。

我们每个人的职业生涯发展都跟"自我概念"息息相关。譬如，我们第一次上学的经历，可能会反映出我们未来如何看待、面对世界。

生命中的贵人

- 在你的亲朋好友中，你觉得谁是信任你的人？

- 在亲朋好友中，哪个人的鼓励能够给你力量？他们说了什么对你有帮助？
- 聆听别人的故事时，可以从中发现对方的资源与长处吗？

生命中的贵人会反映出我们认同的人格特点，我们会采用跟生命中的贵人类似的方法来解决问题。

时间的运用

- 学生时代，你每天的例行活动是什么？
- 下课的时候你会做什么？
- 写作业、打游戏、看电视……你通常会如何运用时间？

运用时间的习惯，多半从学生时代就养成，如果我们回头审视这些习惯，可能会有意外的发现，能帮助自己找到运用时间更有效的方法。

脱困的方式

- 回想自己小时候迷路的经历，旅行途中走失的经历，开车迷路的经历。
- 受困当时，你是否会不知如何是好？不晓得下一步怎么走？

从走失的经历中，或许你可以发现，当我们受困时，会如何帮助自己找到出路、方向。

试着从上面的问题中，找到自己的成功元素与特质

以我自己为例，关于小时候最深刻的回忆，都跟走失有关。印象最深的一次走失是在家附近。当时家人协助姑妈经营煤气店，小小年纪的我常常趁妈妈忙着招呼顾客，出去找附近的小朋友玩耍。

有一次我不知为何找不到回家的路，路上有个阿姨看到惊慌失措的我，便把我带回家。印象中，阿姨指着一排站在楼梯上的孩子对我说："这些都是走失的小朋友，你先吃冰棍，我再带你去找妈妈。"我的小脑袋顿时感到很困惑："为什么会有这么多走失的小孩？"我立刻跟阿姨说："我现在就要去找妈妈。"这位阿姨便带我去找妈妈，刚好在路上遇到出来找我的妈妈。

有次参加阿德勒工作坊，我跟参与的伙伴讲述这个早年走失的经历，这位伙伴听完后，立刻帮我找到"成功元素及特质"。伙伴发现，我很容易信任别人，但同时也会觉察环境中的危险信号，马上做出理性的反应，帮助自己脱困。听完后，我真的如获至宝，非常感谢这位伙伴的回应。

寻找自己的"成功元素及特质"的过程真的充满惊喜，不同的生命主题，使用"苏格拉底提问法"都会有不同的收获。

10 做自己的超级英雄：提升"自我效能"的步骤

世界的变动愈来愈快，我们每天都可能遇到意外事件，让计划无法顺利进行，让梦想暂时被搁置。然而，不管正向或负向的经历都是学习的机会，我们需要拥有抓住机遇、善用意外事件的能力，这样才能越挫越勇。

"自我效能"的强度攸关职业发展的成就，决定我们在面对各种情境时是否会采取恰当的应对行为，花多少工夫去达到目标，在受挫的情境中能够持续努力多久，是不是相信自己可以克服困难完成任务。

"自我效能"低的人，在面对困难任务时，或许会无法坚持下去，觉得自己没有能力把事情做好，进而主动放弃。所以，"自我效能"越高的人，职场适应力也越强。

评估自己的工作适应力

想了解自己的工作适应力，可以评估下面这四项特质：

- 真心关切自己的职业生涯（Concern）

  （1~10 分，给自己几分？）

- 对职业生涯拥有掌控感（Control）

  （1~10 分，给自己几分？）

- 对工作中的各种事物保持好奇心（Curiosity）

  （1~10 分，给自己几分？）

- 对自己的职业生涯发展拥有自信心（Confidence）

  （1~10 分，给自己几分？）

做自己的超级英雄

近年来，"超级英雄"系列电影席卷全球，几乎每一位英雄人物都引发群众的热情追捧。无论是蝙蝠侠、超人，还是钢铁侠、蜘蛛侠，他们都是"一夫当关"对抗邪恶势力，及时拯救民众免于灾难的超级英雄。

有趣的是，在网络世界成长的新生代，也有不同的发展样貌，有一类是属于"妈宝型"，典型特征是成长过程中被过度保护，养成依赖的特质。

另一类是"海贼王型"，他们的典型特征是勇于冒险，追求自我实现，有高度的自尊需求，不断找寻生命的意义，热情参与公共事件。由于"海贼王型"的新生代需要被鼓励，所以他们心目中理想的领导者应具有懂得激励人心，同时又能放手让他们"航海冒险"的风格。

提升"自我效能"的步骤

第一步：迎接未来，充满希望与动力地朝目标前进

• 先找出自己的长处（Strengths）与美德（Virtues），再转化成"自我效能"。

• 了解了"自我效能"（Efficacy）后，接下来思考要如何发挥"自我效能"。

第二步：面对挑战，能够满怀效能投入必要的努力

• 思考一下：我可以多做点什么，以达成我想要的人生。

第三步：遭遇挫折，能够承受并且从失败中学习

• 问问自己：挫折带给我最大的收获是什么。

• 从经验中我得到什么启示？这增进了我的什么能力？

• 不断将生命经验转化成丰富养分。

第四步：享受工作成果，乐观迎接下一次挑战

成就感能够为我们充电，补充能量；而挫折感却会让我们耗电，降低能量。因此，适时为心灵充电，可以有效提升适应能力，令我们拥有源源不绝的能量。真正相信自己，从事挑战自我、发挥专长的工作，就可以获得满足感。

11 气馁时要学会自我鼓励

在咨询的过程中，我深刻体会到家长的两难。在快速变迁的时代，家长们生怕孩子输在起跑线上，生怕孩子不如别人，生怕自己没有尽到教养的责任，为了让孩子拥有竞争力，他们安排孩子学习各种课程。家长总是担心："如果其他孩子都会，而我的孩子不会，怎么办？"

高度焦虑的家长常会出现"不胜任感"，总是担心自己没做好，为了降低焦虑，往往会对孩子有过高的期望。

我常常听到家长对孩子说："你现在不好好读书，以后就要去做苦工。"也有不少家长习惯训诫孩子："如果你现在不努力，以后就会有悲惨的遭遇。"

长大以后，孩子为了减少心中因达不到家长期望而产生的挫折感，就会用这样的方式回应家长："都是因为……，所以我才会达不到……"言下之意是："如果不是因为……，我也是可以……"

气馁特质自测

当我们感到气馁的时候，会特别渴望被别人肯定，如果得不到肯定，便会产生更多的挫败感。检查一下，自己有没有下面这些容易气馁的特质：

- 认为自己要比别人好才有价值？

  是□　　　否□

- 常常设定过高的期待或标准？

  是□　　　否□

- 常常会跟别人做比较？

  是□　　　否□

- 希望别人按照自己的方式做？

  是□　　　否□

- 过度热心想要参与别人的生活？

  是□　　　否□

- 对于发生的事情会做负向消极的解读？

  是□　　　否□

"是"越多，就代表你越容易产生气馁的情绪。觉得气馁时，如果懂得"自我鼓励"，自然可以增加改变的勇气。

探索我们内心恐惧的来源，目的并不是要我们回家跟家长抗议，而是通过理解家长的用心，打破自我设限。我们可以改变内在的想法，鼓励自己创造更多的可能性。

"自我鼓励"的重点

"自我鼓励"的重点是：自己做了哪些努力？自己有什么优点和资本？我们要主动有建设性地学习，而不是只注重结果。同时，对于人与人之间的差异，我们也要抱持接纳尊重的态度，既可以跟别人一起讨论，也能够跟别人一起合作。

譬如，要增强"自我效能"，你可以告诉自己：

我的目标达成了，我还可以再接受挑战。

也可以自我赞美：

虽然事情一开始进行得不太顺利，但我完成了！
或许事情并不完美，但我做到了！
我不需要把事情做到完美，只要尽力就足够了！
我可以相信自己的判断力！
我可以肯定自己的成就！

在当事人的身上，我常常看到"自信心"像吹气球一样慢慢膨胀。我会根据当事人的特质布置一些家庭作业，让他在日常生活中练习自我赞美，记录自己做得好的地方，再回咨询室跟我分享。同时我也会不断肯定当事人的进步，一步一步改变他们对于职业发展的自我暗示。

12　改变"生活态度"

我们每个人面对工作或世界的态度，都是从童年时期开始建立的。我们在家庭中的地位，还有童年早期的家庭气氛，虽然不会完全决定我们的人格特质，却是形成我们的"生命态度"的关键。它不仅会影响我们的生活模式，更会演变成行为的标准和规范。我们会根据家庭经验来解读发生的事件，可说是"心理评估"的重要参考。

如果我们常常怀疑自己的能力，那么当我们在面对困难、失败的时候，就可能会采取消极、防卫的态度。通常，一个人会形成"负向消极的态度"，都跟"避开失败"有关。我听过很多人在工作表现不佳的时候，会不断强调："我以前做得很好，现在会这样，是因为客户很难沟通。"

所谓"改变态度"，就是以"正向积极的态度"来取代"负向消极的态度"。因此，在调整态度前，要先了解自己有没有自动运行的防卫策略。

大体而言，我们的生活态度有三种不同的类型：

一种是"好的，可以"的生活态度。抱持"好的，可以"这种态度的人会先自我接纳，再寻求社会接纳。

一种是"好的，可是"的生活态度。抱持"好的，可是"态度的人会为自己找很多理由。

当工作达不到目标时，他们就会安慰自己，"市场趋势不好，再努力也没有用。"或是为了让自己好过一点，跟别人抱怨，"反正努力达成目标，也不会调整薪资，做完就好了。"

还有一种是"习惯说不"的生活态度。拥有"习惯说不"这种态度的人，又分两种不同的人格特质，分别是攻击型人格特质和防卫型人格特质。

攻击型人格特质反映在心理上，当事人会有虚荣、野心、自以为是、善妒、羡慕、贪婪的感受。他们常常会对外表示："我没有问题，我做得很好，都是别人说我坏话。"

如果有人不认同自己，他们就会说："我的创意是最具前瞻性的，可以让公司赚大钱，你们还不肯定，问东问西，真是奇怪。"

防卫型的人格特质表现在行为上，则是焦虑、胆怯。无论是学习或尝试新事物，这类人都比较容易退缩，碰到不懂的地方，也不太敢主动请教别人，"我不敢问同事，怕会打扰别人，怕他们觉得我很烦，以为我不努力。"

当我们防卫时，往往会出现很多迂回的行为，像是懒散，常换工作，触犯法律，跟别人保持距离，责备自己或别人，常有罪恶感，总是犹豫不决。

从"童年早期回忆"了解"生活态度"的形成过程

既然童年早期的家庭气氛会影响我们"生活态度"的形成，那么，要调整态度自然需要探索"家庭气氛"。影响家庭气氛形成的因素包括：家人之间的互动、我们跟别人的互动，以及我们在家庭中的地位。

从事咨询工作多年，我觉得最快了解"生活态度"形成过程的方法，就是探索"童年早期回忆"。

要收集"童年早期回忆"，我们可以试着回忆：小时候面对危险的经历，最早被处罚的记忆，弟妹出生时发生了什么事情，第一次上学的情形，生病或死亡事件，离家的经历，或是不当的行为及嗜好……

回顾童年的"早期回忆"，可以反映我们现在的内心想法，包括我们的渴望需求、设定的目标，以及预测事情发展的方向。

举例来说，我见过很多孩子开始隐瞒家长，把秘密深藏心底，不敢说出事实真相，都源于"害怕被处罚"。有非常多的孩子在看到试卷上出乎意料的低分时，都会做出同样的决定——把考卷藏起来不给家长看；或是自己私下代替家长签名；或是借口"考卷遗失不见了""忘带考卷回家了"，以此来逃避处罚。

可是，如果再去询问这些孩子的家长，他们都会困惑地表示：自己很少处罚孩子，不知道孩子在害怕什么。

何以孩子会如此害怕被处罚？深入了解"童年早期回忆"后我发现，影响他们行为的，其实是他们"预测事情发展的方向"，而不是"真实发生在自己身上的经历"。如果不了解这个过程，我们就会误以为孩子经常被家长处罚。

所以，理解"感觉"和"行为"的来源很重要，通过"童年早期回忆"我们可以看到过去的决定和想法如何影响现在的生活。这个时候，就可以采用"态度改变技术"。

改变态度的技术

一、先觉察一下：自己常会出现什么感觉和行为

不妨找个信任的朋友叙述自己的"童年早期回忆"，同时觉察一下：自己常会出现什么感觉和行为？

记忆中的情境多半是被鼓励的，还是受责备的？大多数的事情是完成了，还是遇到挫折？

二、用"正向有效"的掌控，取代"失控感"和"负向破坏性"的控制方式

觉察一下：自己的问题是如何解决的？你是越挫越勇，还是裹足不前？

如果发现自己常出现"好的，可是"态度，或是"习惯说不"态度，试着用"好的，可以"态度去取代。

三、认同自己：聆听自己内在的声音，降低别人的评价对自己的影响

回想自己一直以来扮演的角色，你通常是执行者还是观察者？

人际互动的过程中，自己经常扮演取悦者、顺从者、讨好者，还是叛逆者？然后你可以据此重新调整自己的角色。

通常我们都会认为"叛逆者"是做自己的代表，其实不然，"叛逆者"仍然没有做自己，只是习惯用唱反调的方式去应对别人。

在咨询的过程中我发现，很多人努力的目标都是"争取认同"。有人渴望父母以自己为荣，能够在别人的面前说句"我的孩子过得很好""我的孩子很成功"；有人期待主管觉得自己表现优异，能够当众称赞自己，"大家要向这位同事学习。"

"获得认同"似乎意味着自己在对方心里有了位置，会让我们感到安心。获得别人认同固然很好，然而，一旦自己的想法或做法不被认同，就会形成强大的焦虑压力。为了降低焦虑，有人会努力说服别人认同自己，有人会放弃自己附和别人。

真正的"认同自己"是不管在什么状况下，别人的意见是什么，都清楚自己为何要这样做。但同时，我们也尊重别人有不同的想法和选择，不会强迫别人跟自己的意见一样。

四、协助自己朝成长成熟之路迈进

你对"成功"的定义是什么，对"失败"的定义是什么？

对你而言，生活或是人际的阻碍是什么？你有没有想要改善所面对的情境？

成长的重点在于改善状况，而不是追求完美。

五、拥有归属感：做自己的主人，无论人在哪里都有归属感

我们的自卑感通常来自"不被认同"，在家庭中找不到归属感的害怕。所以，如果能够达到"自我认同"，我们就可以找到归属感，既可以拥有自己，也能够融入别人，自在地穿梭于人我之间。

这有点像孔子说的"从心所欲，不逾矩"的境界。我觉得孔子不只是儒学大师，更是华人世界伟大的心理学家，孔子提出"三十而立，四十而不惑，五十而知天命，六十而耳顺，七十而从心所欲，不逾矩"，也可以理解为一种"人生态度改变"的技术，在成长中慢慢转变，找到自己安顿身心的路径。

六、建立安全感：真正的安全感来源于自己，学会信任自己的判断和决定；即使有时候犯错、表现不完美，我们仍然可以从错误中学习

很多人穷毕生之力在寻找安全感，咨询过程中我会引导当事人从儿时回忆一路探索到各种梦境，试着通过不同的线索，协助

他们找到心理的安全感、关系的安全感、对未来的安全感。

　　我跳出来试图回顾自己的安全感的来源，其实也无法确定它是如何形成的。但是，当我遇到问题时，那些让我不安的事情却会自动跳出来，提醒我不要再让类似的事情发生。对我来说，不安全感是在帮助我趋吉避凶，不大会带给我痛苦的情绪。

　　我看到很多当事人陷入不安全的情境中时，会出现急性压力的表现，特别是年纪很小的孩子，在"高压现场"他们会歇斯底里地哭泣，拼命要离开让他们害怕或不安的人或事物；连在咨询室里谈及让他们感到不安全的话题，他们也会想要马上逃走。

　　碰到不安全的情境，逃避是最安全的做法。

　　身为心理咨询师，我不断思索与尝试，要如何修复被破坏的安全感。我发现，别人只能给我们支持的力量，外在的物质条件也只能满足我们的需求欲望，而无法给我们提供安全感。

　　真正的安全感来源于我们对自己的信心，信任自己的判断和决定，才能获得安全感；即使有时候犯错，表现不够完美，也不要对自己失去信心，因为我们仍然可以从错误中学习。

13 把握并善用机会：从"好想好想"变成"现在进行时"

不管在学校或职场，我总能听到年轻一代苦闷的心声。生不逢时，为什么我们的薪水这么低？为什么我们不能像爸妈一样，享受美好年代？

我强烈感受到年轻一代对未来感到焦虑不安。

即使我努力跟他们分享——我大学毕业的时候，薪水只有8000台币，依然对未来充满希望。但这似乎无法让他们燃起希望之火。曾经有学生沮丧地问我："老师，我也想对未来充满希望，可我就是缺乏热忱，不知道自己想要做什么？"

经过学生提醒，我也开始思考，"我未来想要做什么？"好像每个阶段我都有"好想好想"做的事情。高中时，我好想好想成为一个记者，中文系毕业后，我真的在杂志社当采访记者；后来有一段时间，我好想好想成为心理咨询师，现在我很开心自己是一个心理咨询师。

要如何从"我不知道要做什么"到"我好想好想做什么",再变成"现在进行时"呢?

从"我不知道要做什么"到"我好想好想做什么"

"我不知道要做什么"这句话有各种的可能性。

有些人是不知道自己要什么,自然不知道要做什么。

有些人是知道自己要什么,但是不知道要采取什么行动来满足自己的需求。

有些人则是一直用错误的方式来满足自己的需求,结果得不到满足,所以也不知道该怎么做。

现实治疗学派①主张人类有两种基本的心理需求:一种是爱与被爱的需求;另一种是感觉自己是有价值的需求。而这两大类需求又衍生为 5 种现实需求,包括生存、归属、权力、欢乐及自由。这些需求是否能得到满足,有赖于我们能不能做出有效的行为抉择。心理咨询师的角色就是协助当事人,帮助他们根据自己的需求,做出适当的行为抉择,并为自己的行为负完全的责任。

若你想要"知道自己要做什么",可以从了解自己的需求开始。

现实治疗学派有一个很简单的 **WDEP** 系统,可以帮助我们快速

---

① 又称现实疗法学派、现实主义疗法。该流派强调人们要接受自己的行为并对自己的行为负责,这样有助于自己获得快乐与成功。

确定需求，采取行动，同时评估需求有没有得到满足。

(1) 确定需求，清楚自己想要什么（Want）？

(2) 掌握方向及行动，现在／过去做的是什么（Doing）？

(3) 自我评估，做的这些有帮助吗（Evaluating）？

(4) 重新计划（Planning），如果重新选择，计划会是什么？

确定之后，就能够积极主动地探索与开发各种可能性。

培养"创造机会"的心理特质

每当有学生跟我说"希望自己拥有不平凡的人生经历"时，我都会眼睛一亮，充满期待地问他，"怎样不平凡的人生经历？"

在他们叙述的过程中，我的眼前仿佛出现一幅景象，我看到学生正努力把"梦想"种进心田。当然"梦想"不会自己发芽，要让"梦想"开花，我们还需要培养"创造机会"的心理特质，让自己保持开放，拥有坚毅、富有弹性、乐观、冒险的心态，积极掌握并创造有利的机会事件，帮助自己获得宝贵的学习经验。

坚持的意志力

在弹性就业时代，人们特别需要用智慧去判断，什么状况值得坚持到底，什么情形需要弹性变通。倘若一遇到挫折就放弃，我们很难成就想做的事情，有坚持的意志力，才能成事。

在开发课程与写作的过程中，我渐渐明白，有时候"先见之明"

不一定会马上引发共鸣，但却可以帮助我们累积专业的厚度。举例来说，十多年前，在写《只有你能创造未来》一书的时候，我已经有所预见——未来世界里人们需要有丰沛的创造力，抱着愉悦的心情"玩出"前途。因此，在这本书中，我试着从心理、性格的角度，分享如何增加自己的创造力。但当时，这样的观念尚未发展成熟，所以书的销量不如预期，可是我却坚持通过演讲推广创造力的重要性。

因此，如果以开放的心态来看待失败的经历，你会惊喜地发现，每个挫折都是锻炼意志力最好的机会，它可以帮助我们变得更坚强有力，还可以引导我们找到不同的出口。

弹性应对力

当计划赶不上变化，也就是事情发展不符合我们原先预期的状况时，也许我们心里会觉得忐忑不安，但这反而是难得的生命体验，需要我们拥有充分的弹性去接纳，调整应对的态度。

在咨询的过程中，我见过最受苦的心灵。他们坚持凡事要按照自己的期望走，不能接受别人的改变，无法忍受世界的转变。他们常说"不行，你答应了我就要做到"；或是执着于"规划好了就要推进"；或是强调"人生一定要顺利"；或是认为"人生必须要公平"。

缺乏弹性，会让我们外表强势，内心却充满挫折感。为了降低挫折感，人们常会使用极端激烈的方式，这样做反而让自己与目标渐行渐远。

乐观行动力

所谓"乐观"并不是低估风险，不断催眠自己"没问题"，放任问题恶化，不去面对；而是乐观面对未来，在行动中发现乐趣。

曾经有保险公司统计，乐观的业务员比悲观的业务员业绩高88%以上，并且乐观者的离职率只有悲观者的1/3。

乐观可以让我们产生行动力，不会退缩不前。我们不妨练习每天打开行程表，看看当天所做的事情带给自己多少意义与乐趣。当我们认为生命本身很有意义时，基本上任何状态都是快乐的。

冒险开发力

在生活中，当事情脱离原有的轨道，就会进入冒险的领域，有些时候风险也会带来新的可能性。

心理咨询最有趣的过程，就是陪伴当事人一起探索职业生涯发展的各种可能性，找到适合其个性、能力、兴趣的领域。然而，很多当事人在找到方向并准备采取行动之际，却突然踩住刹车，因为他们希望能够确保走这条路未来一定成功。

可又有谁可以保证成功呢？面对不确定的未来，我们要如何降低风险，享受冒险的成果呢？我只能带领当事人学习把握、善用、创造机会。

把握、善用、创造机会的四个步骤

步骤一：将计划性机会正常化

你可以回顾生命历程中出现的机会事件，同时审视自己当时做了什么，才导致这些机会事件出现。

下面这些具体问题，可以协助你找到创造机会的成功经验。

- 机会事件如何影响了自己的生涯？
- 你在当时如何"让"这个意外事件影响了你？
- 现在你对未来可能发生的意外事件有什么想法？

以我自己为例，无论是出书或是成为讲师，都是别人发现我的潜能，询问我的意愿的结果。我当时都是开心地感谢对方的邀请，同时我也很想知道，对方何以会觉得我可以出书或当老师。我对于别人的反馈充满好奇。

记得第一位慧眼发现我写作潜能的是我的一位好友，她说当作家的好处是，"如果你可以1个月写1本书，12个月就有12本书，这样每个月都可以领版税。"我马上心动，立刻开始思索写作的题材。

虽然事后发现写作没有"想象"的容易，我也没有每个月领到版税，但我却因此开启了写作的旅程。

我的生命中充满了"机会事件"，很多朋友、师长会推荐我去做这做那，不管别人给我什么建议，我都会认真思考：有没有可能完成。别小看这些"机会"，懂得把握机会的人，就可能会因此成就自己。

步骤二：将好奇心转化为学习与探索的机会

只要勇于探索你所好奇的，你就能从机会事件中探索出新的可能性。

拥有好奇心的人，不管做什么，都会多一些收获。逛街可以看到别人忽略的风景；上课可以联结到更多领域；当主管可以发掘同事更多潜能；当老板可以想到别人没有想到的创意。

下面这些问题，可以带领你从不同角度去思考：

- 你对什么感到好奇？
- 有哪些机会事件曾经引发你的好奇心？
- 你当时做了什么来提升自己的好奇心？

譬如，到新的单位，你可以学习跟不同特质的人相处，学习不同主管的领导方式，积累不同的工作经历，这些都可以丰富我们的生命体验，使我们的生活更加多姿多彩。

步骤三：创造渴望的机会事件，化期望为行动

除了把握机会外，自行创造机会，开创自己想过的生活也很重要。

如果你常常觉得自己缺乏机会发展兴趣，或是没有遇到伯乐，不妨思考下面的问题：

- 想要创造什么机会？
- 希望人生有什么不同？
- 如果可以的话，希望碰到什么样的机会事件？
- 现在可以做什么来增加该事件发生的可能性？
- 如果那么做的话，生活可能出现什么改变？
- 如果什么都不做的话，生活可能有什么改变？

有一次参加叙事治疗《投入生命故事》工作坊的过程中，在吉尔·弗里德曼（Jill Freedman）跟吉恩·库姆斯（Gene Combs）两位大师的带领下，通过对谈伙伴的引导，我与"刚进入社会的自己"做了3次对话，马上感受到大学毕业时的自己充满热情，逢人就讲述自己想要投入新闻界成为记者的渴望。当时每位听完我讲述梦想的人，或多或少都给了我帮助和指引。

现在回想起来，真的有种"当你真心渴望某个梦想，全世界都会联合起来帮你"的感动。但更令我感动的，是那时的自己无所畏惧。因为换成现在的我就开不了口，我会不好意思，会担心给别人造成困扰。

虽然现在的我很懂得"及时把握机会"，却少了刚进入社会时的无所畏惧。我真心诚意地对"大学毕业时的自己"道谢，"谢谢你的无所畏惧。"

有趣的是，对谈伙伴也邀请"大学毕业时的我"谈谈看到"现在的我"有什么感受和想法。没想到"大学毕业时的我"脱口而出，"真的没想到你会走到这里。"我似乎看到两个自己互相对望，眼中闪着泪光，一切尽在不言中。

要创造渴望的机会事件，最简单的方法，就是把自己的愿望说出来，找有经验的人讨论，请他们给你建议，这样做通常都能得到很多收获。

很多人在等待机会的过程中会先观望，心想等机会来了再准备就好，以免白忙一场。我发现，抱持等待的态度却没有准备行动的人，机会是不会眷顾他的。因为"贵人"需要先看到具体的成果，才能与你产生联结。接下来，当机会出现时，"贵人"的脑海中才会浮现你的身影。

所以，想清楚，讲出来，准备好，机会自然来。

步骤四：克服实践过程中的障碍

要克服实践过程中的障碍，首先可以思考三个问题：

第一个问题：为何一直没有去做自己想做的事？譬如，你想要学好外语，顺利通过外语考试，但却一直没有去做，总是跟自己说："今天好累哦，明天再说。"

第二个问题：障碍会持续多久？以上面的例子来说，一天过去了，一个礼拜过去了，一个月过去了，你还是没有养成持续练外语的习惯。

第三个问题：你打算如何克服这个障碍？你现在要怎么养成练习外语的习惯？你是不是可以找同伴一起练习，或是创造学习语言的环境？

克服困难后，要想提升挫折容忍力，你就要当自己的心灵英雄。每一天充满希望与动力，朝着自己订下的目标前进。

自我承诺，把自己当一回事

成功的人大多会遵守自我承诺，答应自己的事情，会努力完成。从心理学的角度来看，会对自己失信的人，并没有把自己当一回事。

成功，从尊重自己开始。你要思考一下：

- 如果要把目标付诸行动，该怎么做？
- 如果要让自己更独立一点，需要做什么？
- 如果要让自己更自信一点，需要做什么？
- 如果要让自己更有力量面对现实，需要做什么？

如果你无法自我承诺，当事情进行得不顺利时，就很容易向外寻找原因。譬如，你会认为，项目做不成是因为缺乏资金与人力；开发不成功是因为没有人带路。

有人曾经问我，"算命"与"咨询"有什么不同？

倘若从这个角度切入，"算命"倾向寻找归因，感情不顺是因为前世太多的情感纠葛，事业不顺是因为缺乏祖上荫庇。

"咨询"的重心是回到自己身上，进行一场自我理解之旅，从不同的角度跟自己相遇、对话，了解什么对自己重要，清楚什么对自己有意义，为自己的幸福和快乐做最好的选择，并负起全部的责任。当你不再将过错归因于外在情境时，外界的力量才帮得上忙。

14 在职业高峰期经历危机

转型的历程

我教授"就业服务乙级技士"的课程至今已经十年。这张证书是从事就业服务、人力中介、人力资源相关工作的人梦寐以求的。也因此,我有很多机会去各地就业服务站教课,看到很多求职者想要重返职业生涯高峰的心路历程,我也看到很多求职者对于过去所做的决定懊悔不已,他们甚至希望人生可以像玩游戏一样,玩得不顺手时立刻重新开始。

人生要重开新局,会历经很多关卡,不像玩游戏一般,单击重启键,立即就可以从头再来。

曾经有就业服务人员被投诉,因为求职者想要找管理岗的工作,就业服务人员却安排他去做清洁服务的工作,他感觉自尊遭受了严重侮辱。

在职业转换的过程中,大多数人都知道要放下身段,重新当个"小蘑菇"接受现实洗礼。不过,究竟身段要放多低,却很难预期。

还有很多人是在职业高峰时经历危机。被高薪挖去合作的公司后，他们发现其他人都在等着看自己有多厉害，要是表现不如预期，周围的人马上讽刺说："也没多厉害呀！"

在企业担任顾问时，我就曾亲眼看到好几个意气风发的公司红人跌落谷底。有的人很快找到新的舞台；但也有的人明显"退化"，做什么都做不好，学什么都学不会，连实习生都质疑，"真不敢相信他这样也能做到高层主管！"

为何会有这么大的反差？这是因为每个人在面对危机与转型时的心理状态都不同，心理肌力越强的人越容易为自己找到出路，心理肌力越弱的人越容易陷入固着甚至退缩中。

职业生涯危机与转型会经历七个时期

第一个时期：固着与震撼期

很多人以为如果事前知道未来会发生什么，就可以预先做好心理准备，不会慌乱。但事实并不尽然。

我在咨询的过程中发现，很多公司其实很早就告知员工，公司未来将会有变革。然而，许多人的重心不是放在如何帮助自己学习改变，而是把精力放在如何抗拒改变上。不接受现实的变化，就会让我们停留在"固着与震撼期"，而不愿意往前迈进。

有个从事人力资源的学生曾经很苦恼地跟我说，他们公司例行会有员工轮调训练，但有个同事就是不肯接受，新人都来报到了，他依然不肯交接，也不愿让出座位，还是每天照常来上班，让交接的新人不知所措，所有的人都拿这个固执的同事没辙。

第二个时期：退缩期

有个朋友曾跟我分享在他的职业生涯退缩期发生的趣事。朋友的邻居总是趁他上班时把车临时停在他的车位上，有段时间朋友失业在家，这位邻居每天早上都等不到车位，便旁敲侧击，不断询问他："今天没去上班啊？是在休假吗，什么时候上班？"

朋友实在说不出口"目前失业在家"，只好敷衍说自己正在休假。偏偏邻居不死心，还是天天来等他的车位。最后朋友被逼到躲在家里不敢出门，生怕遇到邻居，光是看到邻居期盼他去上班的眼神，他就觉得压力好大。

处于"退缩期"的人最怕别人的关心询问，这仿佛是在不断提醒自己"你没工作"。久而久之，人真的会对自己失去信心。

第三个时期：自我怀疑期

很多人问我，"职业转换的过程，休息多久比较好？"我通常都会建议，"不要超过 6 个月。"这个期限是从咨询经验中得到的答案。无论能力多强、信心多足的人，长期失业都有可能使其进入"自我怀疑期"。

一旦自我怀疑，人们就很容易负向解读信息。这就是为什么很多社会悲剧都发生在失业阶段，因为失业的人总是觉得别人看不起自己，老是感到被别人压迫，自己无路可走。

第四个时期：接受期

职业"转变"要从"接受"开始。在我们可以接受现实，也接纳自己的时候，才有能量接受新的事物。

在国外，当企业面临转型，会影响到员工未来的前途时，就需要引进"员工帮助计划"，由专业的心理咨询师引导员工调适身心。我发现，员工心理调适的关键在于是否"接受自己，也接受现实"。"接受"可以让我们不再抗拒，把能量转移到学习成长上。

第五个时期：试探期

想要成功转型，了解自己是很重要的步骤。做职业生涯咨询的时候，很多人都会询问咨询师，"我转型到什么领域比较合适？"咨询师不会给出特定答案，而是通过各种工具、提问技巧，引导对方做出最适合他自己的决定。

一个人如果不了解自己的状态，很容易让自己陷入混乱中，变得越转型越不快乐。举例来说，有一段时间金融业经历很多变革，许多金融业的从业人员都觉得自己不适合这个行业。但是，当我通过咨询技巧了解其工作性格后，发现他们还是最适合做金融业，那为何他们会认为自己不适合呢？真正的原因其实是压力太大，焦虑过度。这个时候，如果没有找到真正的原因，便贸然转型，未来他们可能会遇到"怎么转都不对"的挫折。

第六个时期：意义追寻期

在人生不同的阶段，工作的意义都不同。

刚进入社会成为上班族的人，工作一段时间，慢慢稳定下来后，会想要奋力往上爬升；会渴望在专业领域占有一席之地；会想要累积足够的财富，过自己想要的生活；会想要结婚生子，享受天伦之乐。

我们扮演的角色不同，工作的意义也不一样。我遇到很多面临中年危机的当事人，他们共同的内在渴望都是"为自己而活"，人生的前半辈子为了家人打拼，已经尽了应有的责任，现在想要把握最后机会为自己而活。

每个阶段工作或生命的意义都不同，可能以前对自己很重要、拼命追求的事物，到了下一个阶段又变得不重要了。追寻意义的重要性在于，人生每个时期都过自己想要的生活，都做对自己有意义的事情，如此便不会在人生的最后阶段懊悔，"再也没有机会实现自己的梦想。"

否定自己之前的努力，是一件很痛苦的事情；懊悔之前所做的决定，则是令人无比沮丧的。

第七个时期：统整更新期

一个人转型成功与否，最重要的是看他有没有"自我更新"。跨越不同的领域，需要的更新时间也不一样。

举例来说，我从企业顾问转而进入心理咨询的领域，至少花了八年的时间，才真正转型成功。转型的过程中，我尝试过上课、读研究生、出国学习充电。每个领域学习的路径都不同，有的门槛高，有的门槛低，有的入口多，有的入口单一。

凭良心说，在台湾，成为心理咨询师的入口很窄，只有一条路，一定要读心理咨询的研究生，然后实习一年，通过考试后，相关部门才会颁发专业认证。我身边有很多人都对心理咨询的领域很有兴趣，但对这条实现的道路他们却感到无奈，有人是无法暂停工作，有人是挤不进入口。

尽管如此，我发现只要是努力"自我更新"的人，他们还是能找到不同的入口，转到相关的助人领域。

转型要从当"蘑菇"开始

转型时你需要放下身段，重新当个"小蘑菇"。但有些人拒绝当"蘑菇"，不想接受磨难，是因为不想让自己去适应现实，而是想让现实来迎合自己的规划。

很多人退休后，总是觉得社会对于领退休金的人很不友善，找工作时也会感叹大部分公司都没有善待员工，不是薪水太低就是工时太长。他们常常会说："我不想在这种公司工作。"当周遭的人给他们提供工作机会的时候，他们也会说："这些公司都请不起我，薪水太低了。""我为什么要浪费宝贵的生命去赚这么一点儿钱，太不值得了。"

脱离现实的人，往往会为了获得超出自己实力的评价，驱使自己去做无法负担的事情。在这样的状况下，他们很容易分散力量，无法集中努力的焦点。这种人的内心常常会觉得"这不是我该做的"。这不仅可能会导致努力却得不到好结果，更可能引发强烈的挫折感。

如果你也常常出现"明明自己很努力，内心却觉得很空虚"的感觉，不妨问问自己：

现在的生活方式真的是我渴望的吗？

自己在何时、何处播下烦恼的种子？

为什么自己会制定无法实现的目标？

想要兼顾"努力"与"充实"，除了做自己喜欢做的事情外，你还要将目标调整到自己的能力范围之内。判断自己现在的目标是否符合自己的能力，有个简单的评估方式：目标会不会受到外界的影响？

诚实地回答自己：目标是发自内心的渴望，还是为了满足外界的期望？

如果不是为了证明自己，而是顺应自己内心的渴望，做自己喜欢做的事情，人的目标自然会调到自己的能力范围，完成之后也会觉得充实而有满足感。

15 卷入创伤事件后的恐惧风暴：原谅自己，也原谅别人

在美国，有五六成的民众在人生的某个时间点会遭遇创伤事件，如重大车祸、暴力攻击、自然灾害、家人意外等，很多人需要接受心理咨询以疗愈创伤。

反观台湾地区，民众在遭遇重大变故时，却很少使用心理咨询相关资源。很多人会问我，"做或不做心理咨询，差别在哪里？"

事实上，创伤事件发生后，当事人会历经不同的阶段。常见的心路历程有五个阶段：哭喊期、否认期、侵扰期、接纳期以及完成期。不同的创伤事件对心理造成的冲击差异也很大。大多数创伤事件产生的影响不会立即显现，而会封存多年，渐渐侵蚀我们的心理健康，或是潜入我们的潜意识，或是扭曲我们的人格。等到症状出现时，通常已经对心理健康造成了严重破坏。

综合十年的咨询经验，我归纳出最常见的创伤事件，大概有下面几种类型，当事人的反应也会有些不同。

天灾创伤让人深陷长期的恐惧中

身处地震带的台湾地区，民众真的有非常多潜藏的创伤。灾区附近的许多民众通常会出现晕眩、失眠、做噩梦等状况。人们害怕地震再度发生，甚至会有过度警戒的反应，譬如不敢单独待在室内，或是出现心悸、发抖、呼吸不顺、肌肉紧绷等焦虑症状。

在地震中失去亲人及财产的民众，面对如此巨大的变故，初期会有情绪过度激动或是情感麻木的状况。其中最需要关注的是"没有眼泪的悲伤者"，他们的心理受创严重，由于同时经历灾难的惊吓及痛失亲人的悲伤，在双重打击之下，他们往往会因为没有办法接受残酷的现实而无法表达情绪。

对于青少年及儿童，亲友应尽可能给孩子安全感，除了语言安抚之外，亦可通过拥抱来降低孩子的孤独与不安感。

在咨询过程中，我发现很多儿童经历创伤后，会变得特别黏人，他们恐惧死亡，有高度的分离焦虑，不能跟家人短暂分开，看到大人难过哭泣时会阻止或逃避。也有些儿童不知如何化解大量情绪，这些情绪会转化成身体症状。他们可能会伤害自己的身体，像是通过拔头发来释放焦虑，若不及时做心理咨询，严重的会演变成"拔毛癖"。

我们可以运用不同的形式，如语言或绘画，来引导孩子抒发害怕、哀伤的情绪；同时协助孩子用比较有效的方法来诉说灾难事件，像是用"如何"取代"为何"。

天灾后，民众如果出现下面的状况，就需要专业的协助，这包括：长时间情绪混乱，感觉压力过大，自我责备，觉得快要支撑不下去；一个月后仍有麻木、迟滞、不断回想起灾难景象、反复做噩梦、身体不舒服的反应；找不到适合的人倾诉，无法专注于工作和人际关系，抽烟或喝酒有明显增加。

我发现不少家暴者其实都有创伤后应激障碍，他们没有适时做心理疗愈，这股强大的情绪往往会转变成暴力倾向，若再经过酒精的催化，便会对家人造成无可挽回的伤害。

职场危机会引起急性压力症状

近几年来，很多公司都发生了职场危机事件，最常出现的状况是：员工为了争取权益而参与"罢工游行"。

很多人不知道，参与抗争的过程中，参与者很容易产生急性压力症状，除此以外，这会导致公司所有的员工身心负荷过重。长期如此，也会让公司气氛低迷，不利于员工的身心健康。常见的急性压力症状反应是：有的人会有强烈的害怕、无助感；有的人会反应在生理上，像是感觉麻木、头昏眼花、失眠或恶心，甚至失去现实感、自我感。

若没有适时缓解压力，有些人会出现痛苦、情绪崩溃、感觉与知觉系统受损的状况，进而干扰身体机能，出现失眠、没胃口、身体麻痹、绝望等状况。

为了避免付出身心健康的代价，从心理健康的角度来看，我们还是鼓励公司跟员工好好沟通，不用勒索彼此的情绪，从而达到双赢。

遭遇人祸后需要长期释放痛苦情绪

瞬间发生的人为灾难，像是气体爆炸，此类事件发生之后，伤者与家属原本平顺的生活，在一夕之间有了剧烈的变化。他们的心理活动往往会错综复杂。初期的情绪反应或许是困惑震惊，不理解何以灾难会发生在自己身上，接下来可能会转为愤怒、自责，也有些人会陷入悲伤、彷徨、害怕、恐惧的情绪中。

由于气体爆炸还会导致烧、烫伤，当事人要同时承受身体的疼痛与外貌的改变。因此，他们的长期情绪反应可能会变得烦躁易怒，康复的过程充满挫折感，身心都无法放松。有时候当事人会对周遭的人吹毛求疵，感觉自己快要失控了。这类人特别需要家人朋友长期的陪伴支持，协助他们疏解情绪，一步一步接受现实状况，恢复自我信心，直到他们可以自在地面对人群。

身体被侵犯造成的创伤是对人产生恐惧反应

随着社交生活的多元化，很多人在有意识或无意识的状况下，身体受到他人侵犯。但无论是被性骚扰或是被性侵害，受害者都可能产生创伤后应激障碍，经常没有理由地感到害怕、惊慌、不安，对某些特定对象或情境产生长期且高度的恐惧反应。

被侵犯后，当事人更会对自己失去信心，害怕自己不被别人相信，对他人也常怀有高度敌意。特别是，侵犯自己的人若是拥有良好的公众形象，如口碑很好的老师、热心公益的前辈，这时，如果周遭的人都不相信自己所叙述的遭遇，"受创的伤口"会更深、更痛。

有些受害者会担心自己无法再与异性有亲密关系，常觉得自己是个不清白的人，有时会有抑郁倾向，形成负面的自我概念。在生理方面，受害者会有紧张、肠胃不适等状况；在行为方面，他们会变得爱抱怨、夜尿频多、无法入睡，或是常被噩梦吓醒。

受创后需要哪些帮助呢？

受到创伤后需要有人倾听并且理解、包容、支持。感觉自己被相信、被信任很重要，这可以让受创者觉得自己被接纳。

给受创者提供足够的安全感，尤其当侵害他的人是认识的亲人、师长、同学、朋友时，更需要让受创者"免于恐惧"。另外提供医疗及法律方面的咨询，像是避孕以及如何收集证物等也很必要。足够的信息可以帮助受创者面对医疗、警方的调查介入，以及其他重要的事，进而让受创者掌握局势，找回勇气面对未来。

目睹亲人被剥夺生命的人可能会有持续的"潜伏性的痛苦"

最严重的创伤经验莫过于目睹亲人被他人剥夺生命，但是个体的反应差异很大，有些人悲伤的延续时间会比较长；有些人会有持续的"潜伏性的痛苦"，常会焦虑、流泪；有些人会充满罪恶感，懊恼自己未尽保护之责，失去与亲人共度未来的希望。

当家庭面临重大危机事件时，由于所有家人都陷入悲伤的情绪中，人们会无法从伴侣身上得到支持的力量。哀伤的家庭气氛不仅会形成压力，也会改变家人原本的互动方式。

因此，拥有越多、越完整的社会支持系统，包括亲人、邻居、好友的协助陪伴，就越能调适危机。特别是亲人的死亡方式不在预期中，对家人最具伤害性。需要的话，我们也可以通过心理咨询或其他可行的方式来安定情绪。

创伤事件发生后，越是压抑自我情绪，跟自己越疏离的人，通常越需要走更长的疗愈历程。而且这种创伤不知道会在人生的哪个阶段，以什么样的症状爆发出来。所以，如果觉得自己跟以前不一样，不妨找心理专业人员咨询一下，以确保心灵健康。

Part 2 / 一对一心理教练：
34 场摆脱烦恼的演练

情绪转换

>>

练习将负面情绪转化为正面情绪

01　找到对话平台——人际冲突影响工作情绪

　　淑华在人事部门做 HR 多年，她发现最棘手的状况莫过于处理同事之间的冲突。有时候看似无关紧要的事情，也会引发同事的情绪。淑华曾经碰到过同事因为开关窗户的习惯不同而产生分歧。一个觉得闷，要开窗通风；一个觉得冷，要关窗遮风，结果导致双方产生肢体冲突，严重影响了团队的工作气氛。

　　还有主管们为了争取绩效奖金、分红比例而开战。业务主管认为自己部门的功劳最大，帮公司赚取最大利润，当然要得到实质回报；研发主管则强调自己部门的苦劳最多，为公司加班熬夜设计出最佳产品，理应获得公平对待，怎能偏重业务部门。两边的主管都说得很有道理，淑华夹在中间实在为难。

　　最难化解的是主管与员工的纷争。员工反映主管情商低、口气差，有语言暴力；主管抱怨员工反应慢、效率低，常错误百出。面对同事互相指责的冲突状况，淑华除了当和事佬，内心常有深深的无力感，不知道自己还能够做些什么。

常见的人际冲突类型

淑华要做好"人际冲突管理"，首先要了解人际冲突类型。

在人际互动的过程中，由于每个人扮演的角色不同，难免会利益相抵，或意见相反，一不小心就可能引发纷争。一般常见的人际冲突类型有下面几种。

最常见的就是"情绪冲突"。譬如看对方不顺眼，无论任何事情都给对方脸色看，甚至让对方处处碰钉子，冲突的过程明显以发泄情绪为主，而不是着重于解决问题。这类型的冲突如果不赶快处理，就会快速蔓延，如野火燎原般，一发不可收拾。

另一种是"想法冲突"。双方因思考逻辑不同而引发争辩，最常发生在做决定或是开会的时候。如果没有适时化解，这类冲突可能会演变成"是非冲突"，双方都想赢得胜利，证明自己的看法是对的。

更麻烦的是"假性冲突"。表面上没有争吵，但冲突已经进入预备状态。举例来说，不同团体之间不太友善的互相挑衅揶揄、讲话带刺，导致相处的气氛充满火药味，冲突一触即发。

而"自尊冲突"则和个人的面子有关。倘若一方觉得对方让自己丢脸，"羞愧感"往往会引发激烈的冲突。

事实上，大多数人都很怕面对冲突。有人会假装冲突自动消失；有人会避免争论；有人会采取权宜之计，营造问题已经处理好了的假象，逃避真正的问题。

　　淑华想要协助身边的人化解冲突，就要先了解冲突的类型，其次要观察双方的互动模式，找到冲突的源头，从而对症下药。譬如，当双方都"情绪高涨"时，就要先协助两方消化情绪，等彼此情绪缓和下来，再展开理性沟通，找到有效的对话平台后，别忘了最后还要重建冲突双方的信任感，冲突才算完全消弭。

02 情绪风暴——"心情"不好，还是"情绪"不好？

小青刚到新公司任职不久，有一天工作时，小青突然对坐在隔壁的同事佳佳说："今天没有心情上班，可以提早下班吗？"佳佳听完后，一边试图开导小青，"心情欠佳不一定要早点下班呀！"一边试图了解原因，"发生什么事情让你没有心情上班呢？"佳佳希望可以通过倾听协助小青处理好情绪，进而顺利完成工作。聊过之后，小青也没有再多说什么，默默地工作到下班。

大约过了一个月，小青跟佳佳说："星期六是我爷爷八十大寿，请问星期五我可不可以提早下班，好赶回南部帮爷爷庆生？"听完小青的询问，佳佳也不敢自作主张答复，立刻把小青的期待转告主管。虽然当时工作繁忙，但是主管考虑了一下，还是批准了小青的请假。

可是，周五晚九点多的时候，佳佳在小青的脸书（Facebook）上面看到她的打卡地点居然是在桃园，而不是南部。这个发现让佳佳既震惊又难过，觉得自己被骗事小，严重的是，自己在不知情的状况下被利用，间接帮助小青欺瞒主管。

没想到没过多久，小青又来告诉佳佳，"星期六是她妈妈生日，周五是否可以提早回南部帮妈妈庆生？"佳佳吸取上次的教训，不敢再帮助小青。可是，佳佳很想知道，为何小青常常心情不好，如何才能让她开心工作？

"心情不好"与"情绪不好"的差别

佳佳想：为何小青常常心情不好？该如何让她开心工作？

首先要区分"情绪不好"和"心情不好"有什么不同。

一个人"情绪不好"通常是受到特定的人物或事件的刺激而引发，所以持续时间比较短。

至于"心情不好"则没有明显的外在刺激因素，并且持续的时间较长。心情不只会影响生活作息，甚至会扭曲人们对别人的知觉感受。有些人还会有心情的周期。一个人心情很好或很差的时候，往往无法体会别人的感受。这就是为什么佳佳会觉得小青"不考虑别人的感受"。

心情起伏剧烈的人，在感情上大多也比较冲动，也因此，他们常会有夸大的情绪反应，无论兴奋、无聊、生气或挫折，强度都很大。当他们被卷入情绪风暴时，就会瞬间变脸，这就是何以小青常常在工作时突然没有原因的心情低落。由于前后的反差过大，小青的行为常会让佳佳不知所措，以致她会给人留下虚伪做作、难以预测的印象。

要让心情起伏剧烈的小青好好工作，佳佳最好在她情绪稳定的时候为其行为设限。先跟小青说明这样的行为已经影响到其他同事，譬如没心情工作就提早下班，或是心情欠佳就摆臭脸等。接着，佳佳要和她讨论碰到这种状况要如何克制自己的行为，如果不能自我约束，公司会怎么处理。

其次，跟心情波动较大的同事互动时，佳佳不妨注意一下他们的表情反应，在他们心情转变之际可以多给他们一点支持，共情他们的感受，以免火上浇油。

03 以客为尊——小心情绪耗竭

晓瑜在饭店工作多年，每天都要面对顾客的情绪，喜怒哀乐都有。

对于服务业而言，顾客就是上帝，顾客就是衣食父母，所以大部分的同事都把"以客为尊"当成最高指导原则。

晓瑜原本以为自己早就练成百毒不侵的心态，不管顾客把什么情绪丢给自己，她都不会受到影响。但慢慢地，晓瑜发现自己有时候会突然变得很不耐烦，这是以前从来没有的感觉。

后来晓瑜观察其他同事，她看到同事累积太多负面情绪后，也会出现一些反常的行为。有些同事会变得闷闷不乐，逐渐丧失服务的热情；也有些同事会变得暴躁易怒，一不小心就会跟顾客产生争执。

在服务现场，晓瑜最怕遇到顾客大声咆哮的情况。为了避免影响其他顾客，晓瑜多半会低声道歉以安抚顾客的情绪。有时也会遇到对服务流程不满的顾客，他们会坚持要主管出来处理，而且要主管承诺处罚晓瑜才能消气。甚至曾经出现过有顾客情绪激动到掀桌子、砸椅子的惊险场面，那次经历让晓瑜饱受惊吓。

还有一次，晓瑜因顾客情绪性的谩骂而难过不已。"自己明明是一个人，却被骂成是猪。"她感觉为了工作连尊严都要被践踏。晓瑜甚至因此产生强烈的自责感。"只有我一个人被骂，我都没有听到其他人被顾客骂，我觉得自己无法解决顾客的问题，做不好服务顾客的工作，好无力。"

受不了的时候，晓瑜会一个人跑到卫生间宣泄，痛快地哭一场，这样会稍微舒服一点。但是，晓瑜觉得自己好像变得越来越孤僻，休假的时候喜欢独来独往，不想参加任何"有很多人"的聚餐活动，晓瑜开始有点"怕人"。

虽然公司也知道晓瑜受了委屈，然而，基于"顾客永远是对的"，似乎除了让晓瑜忍耐之外也无法改变什么。

小心情绪耗竭

台湾地区的产业模式已经逐步从制造业转为服务业。两者最大的差别就在于：制造业销售的是有形的商品，需要靠体力生产产品；而服务业提供的是无形的感受商品，需要付出高度的热情，可以说是"体力"与"情绪"的双重劳动。

由此可知，从事服务业的人很容易面临情绪耗损或过度疲劳的状况。就像晓瑜一样，如果每天将各种情绪塞进心里，从来不整理释放，久而久之，情绪自然会"爆炸"。

最常见的症状是情绪耗竭，譬如，晓瑜自觉脾气变差，很容易不耐烦，倘若放任不管，她可能还会失眠、头痛、记忆力不集中，或者只要一放假休息，就会觉得全身不舒服。

面对员工的情绪困扰，有些公司会通过激发潜能的活动来提振员工的士气。事实上，激情亢奋会让情绪的负荷更重，反而会加快情绪耗损的速度。也有些公司会设置一些拳击沙包让员工宣泄情绪，这种做法的危险性是，一旦员工养成习惯，未来当员工之间有矛盾的时候很容易就会转化成肢体冲突。

情绪日记

想要照顾自我情绪，比较健康安全的做法是先找到情绪的来源，在此介绍一个我常用的方法——写情绪日记。

- 第一步，找出引发情绪的事件，晓瑜可以觉察一下：情绪酝酿多久才发作，频率有多高？

- 第二步，具体描述当时的感觉：晓瑜最在意的是什么？

- 第三步，辨识情绪的状况：大概要过多久，晓瑜的情绪才会离开？产生情绪的时候，晓瑜想做什么事情，或是想说些什么？

- 第四步，练习转化情绪：哪些事情晓瑜有改变的余地？哪些事情不在晓瑜的控制范围内？有情绪的时候，做什么会让晓瑜感觉好过一些？晓瑜要多给自己一点鼓励、温暖。

- 第五步，对外寻求有用的资源：谁可以为晓瑜分忧解劳？谁能帮忙解决困难？

- 第六步，接受现实：同时也接纳自己。

长期写情绪日记，不仅可以清楚看出晓瑜的情绪波动状况，还能找到情绪刺激的来源。什么状况下晓瑜会觉得不舒服？什么事情让晓瑜感到生气？何种挫折会让晓瑜产生沮丧感？晓瑜若能每天清理不好的情绪，就不会留下残渣阴影，心灵即可长久健康。

04　抑郁深渊——你有抑郁倾向吗？

逸文原本乐观开朗，但自从她结束产假，回来工作之后就变得怪怪的。她常常表示上班很累想要休息，甚至有一次连续两天不来上班，主管蕙娟怎么都找不到她，后来联络她家人才知道她得了产后抑郁症。

人事部门淑华找逸文谈话之后，总算了解了状况。逸文负责门市销售，需要长期站着工作，以致她常会觉得头晕脑胀、精神不济，有时还会打错数据，也因此常被主管蕙娟责备，说她粗心不认真。

再加上产后身材改变，逸文对自己失去了自信，最怕老顾客跟她说："你怎么变成这样？"于是，她越来越不想见人。此外，逸文也不喜欢听到同事们聊八卦，讨厌同事们在她面前研究穿衣打扮，认为别人是故意在嘲笑她。

虽然逸文也知道自己变得跟以前不一样了，但她却没办法控制自己的负面想法，也不知道自己为什么快乐不起来，无法像以前一样轻松自在地跟同事打成一片。她很怕自己"永远陷在抑郁的深渊"里。她还常常莫名地流泪，完全体会不到初为人母的喜悦。

抑郁倾向的肢体语言和行为模式

通常有抑郁倾向的人会出现以下这些肢体语言和行为模式：辗转反侧无法入眠，整天没精打采、垂头丧气的，做什么事情都提不起劲来；有时动作会变得比较缓慢，或是生活懒散，失去照顾自己的能力，譬如不想打扮；再者就是注意力不集中，记忆力变差，所以常会给人不专心的感觉。

也有的人食量会改变，或食不下咽，或食不知味，无意识地吃东西。他们常会无缘无故地想哭，脸部肌肉松弛，没办法控制自己的情绪。严重的还会孤立封闭自己，什么事情都放在心里，不跟外界沟通，但事实上他们内心充满绝望的感觉，渴望别人能够了解自己的痛苦，主动伸出援手。

从逸文的行为模式判断，她确实有抑郁倾向。人事部门的淑华若想帮助有抑郁倾向的逸文，可以先确认逸文是否在接受专业的医疗与咨询治疗，接下来要减轻其工作负荷，暂时避免让逸文从事需要高度集中注意力以及体力消耗太大的工作。

另外，逸文的状况也可能是适应不良，总觉得自己被人看轻、没有价值，进而淹没在孤独、受伤、痛苦的情绪中不可自拔。"无助感"会让逸文觉得自己没办法做任何事情来改变现状，同时"灾难化"所有的事情。

无论逸文的状况是抑郁倾向还是适应不良，淑华都应先倾听、理解逸文的感受，让她觉得有人关心、在意自己；接着淑华应鼓励逸文开放自己，让别人有机会关心她的状况，或给她一些帮助。

　　最重要的是，当逸文好不容易鼓起勇气说出深藏内心的感觉时，淑华应尽量避免在这个时候劝她"想开一点"或"不要想太多"，因为这些话都是在否定逸文的感受，仿佛在给交流画上句号，让逸文觉得"没有人了解她的感受"。

　　总之，淑华不妨先接纳逸文的情绪，找出她的情绪中可能隐藏的困扰，再进一步帮助逸文转换情绪，使其从抑郁沮丧的低潮中走出来。

05　倾听回馈——了解"抱怨"背后的心理需求

　　最近公司招聘了一批新员工负责品管工作。一段时间之后，身为主管的家豪发现其中有一位员工小蓝不仅常常出现质量异常的状况，而且进度落后，积压了非常多的处理单。

　　家豪正烦恼该怎么带他才好的时候，这位新员工却在办公室哭了起来，还跟别人抱怨主管家豪工作分配不均，也没有教导协助，让他觉得疲累、不公平。

　　听到这样的抱怨，家豪很无奈，因为他已经教小蓝不下十遍，不知道到底还要怎么教小蓝才听得懂。家豪束手无策。

了解抱怨背后的心理需求

　　刚进公司时，小蓝对主管家豪的言行举止通常会比较能容忍，即使心中感到不满，也会将情绪隐藏起来。可是工作一段时间后，小蓝就忍不住开始抱怨主管。

　　我见过很多新人抱怨主管不教导自己，而且他们会不断跟主管说："你不教我，我当然做不好。"每到下班要验收工作成果的时候，他们就会情绪发作，让主管很伤脑筋。

这种状况下，若主管家豪急着为自己辩解，将会使小蓝封闭自我，更不敢说出真话，进而变得过度谨慎。假如主管家豪过度自我防卫，拒绝接受批评，则会影响小蓝的坦承与开放，不利于信任感的建立。

所以，案例中的主管家豪不妨进一步了解新同事小蓝抱怨背后的心理需求，同时耐心地询问小蓝，"我做些什么让你感觉好一点？"主管家豪可以借此示范"自我开放"和"倾听回馈"。

事实上，很多新人都像小蓝一样，会觉得自己受到不公平的待遇，总觉得自己一出状况就会被指责，而且碰到的都是比较棘手的状况，导致他们情绪起伏强烈。

家豪想要安抚小蓝的情绪，最有效的技巧是把焦点带到小蓝身上，"你似乎有不舒服的情绪，我想了解发生了什么事情。"

无论新同事小蓝的情绪是否平复下来，家豪都要鼓励他讨论刚才所发生的事情和感受，并且留点时间给小蓝调整情绪，让他头脑清醒，恢复平静。

使用"假设问句"，也可以让小蓝比较有安全感。家豪不妨询问小蓝，"如果你觉得不舒服，能否告诉我，你对目前的工作氛围有什么感觉？"如果小蓝愿意说出自己的感受，家豪就可以进一步提供解决的方法。

06 焦虑蔓延——渐进式肌肉放松法

　　每次看到重大交通事故的新闻，素珍就会感到浑身不舒服。而且不知道从什么时候开始，素珍甚至会因为不敢坐飞机而抗拒去出差。

　　主管淑华与素珍谈及此事时，刚提到出差或坐飞机的事情，素珍就出现呼吸急促、胸口发闷、全身发抖冒冷汗、肚子不舒服的症状。淑华吓得不知所措，只得立刻停止谈话，之后再不敢跟素珍提到出差一事。

　　事后主管淑华向心理专业人员求助，她从来不知道"害怕"会引起这么严重的生理反应，想知道该如何帮助素珍克服恐惧心理，让素珍不再害怕坐飞机，以便顺利出差完成任务。

克服"飞行恐惧症"

　　从素珍因为害怕坐飞机而引发的生理症状看来，素珍可能有俗称的"飞行恐惧症"。这是"特定对象恐惧症"中的一种，譬如，有些人害怕坐飞机；有些人怕站在高处；有些人极度恐惧某种动物；

有些人惧怕打针；有些人看到血就会受不了。但不管恐惧的对象、情境是什么，他们都会出现过度或是不符合常理的持续性害怕。

由于每个人的"恐惧"程度不同，有些人一想到害怕的情境，就会出现强烈的焦虑与痛苦。在这种状况下，用安慰或说服的方法，无法降低他们的恐惧程度，有时候甚至会适得其反，越是强迫他们面对恐惧的事物，越会让他们的焦虑蔓延，更想要逃开令他们畏惧的情境。

就像素珍一样，主管淑华跟她提到出差坐飞机的事情，她就出现呼吸急促、胸口发闷、全身发抖冒冷汗、肚子不舒服的症状。

"飞行恐惧症"的成因，除了自己曾有过创伤经历，再也不敢坐飞机之外，有人是因为亲朋好友发生过重大飞行安全事故而引起恐惧；有人是因为不断接收新闻媒体传播的灾难画面，导致自己陷入焦虑与痛苦的情绪中；也有人是因为非常恐惧坠落或摇晃的感觉；还有人是因为"分离的焦虑"，害怕坐飞机会再也见不到心爱的人，宁可"舟车劳顿"也不愿冒任何风险。

"飞行恐惧症"严重时会影响当事人的工作和生活，最常见的就是无法出差和旅行，这个时候当事人就需要接受专业的治疗，仅仅让他们"放松一点"或"不要紧张"是没有用的。

如果恐惧的来源是接收了太多新闻媒体传播的灾难画面，那么素珍的第一步就是远离媒体，关掉电视，少看新闻，接下来再寻求专业的协助。

目前最有效的治疗方法是系统地降低紧张与恐惧，淑华可以一方面教导素珍"渐进式肌肉放松法"，另一方面协助素珍将"恐惧"分成不同层级，从较不害怕的情境排到最害怕的情境，譬如，从 1 到 10，1 是最不害怕的情境，10 是最害怕的情境，淑华要判断目前素珍是在哪一个层级，如果要帮她稍微减少一点恐惧，自己可以做些什么。帮助素珍克服恐惧之后，淑华还要帮助素珍看到她自己的进步，如此一步一步，令她慢慢克服恐惧心理。

自我突破

>>

将他人的要求当作进步的养分

07 获取养分——初学者的养成，就像蘑菇的生长

晓波是建教合作的学生，刚去公司的时候面临适应问题。主管建宏对晓波的期望过高、要求较多，会不断念叨他"动作太慢"，或是催促他"手脚快一点"。久而久之，晓波对工作的热情不断降低。

由于从事服务业，晓波常会为了排班休假与主管建宏产生分歧。对晓波来说，休假约会是很重要的事情，如果想要休假而不被批准，晓波的情绪就会严重低落，认为主管是针对自己，觉得工作环境不公平。虽然他内心想要抗议主管建宏的安排，但因担心自己的实习成绩会不理想，只好咬牙忍下来。

有些时候，为了工作上的方便，晓波会不按照主管建宏的指示自行改变做法，这让主管建宏十分生气，坚持要处罚他，希望他能吸取教训。有一次，建宏规定晓波一定要把数据亲自送到客户手中，可是晓波心想："何必那么麻烦，邮寄不是一样可以完成任务，而且更有效率。反正主管建宏也不会发现。"

主管建宏发现后震怒，他质问晓波："既不服从指令，又不尊

重上司，更不肯认错，万一递送过程中发生意外，怎么办？"但晓波却反驳道："何必反应这么大，我这样做是懂得变通。"究竟是变通，还是偷懒，双方各执一词。

晓波爱打电话，也爱玩手机，若是被主管建宏限制手机的使用，晓波就会跟别人抱怨说："只是接个电话，主管就会在旁边听，我觉得压力好大。"

晓波的各种表现都让主管建宏不满意。渐渐地，晓波从一开始的用心学习，慢慢变得消极无力，常常面带愁容，觉得自己只是一个学生，主管建宏为什么要对自己存有偏见。他明显感受主管对自己有差别待遇，以致工作时越来越提不起劲儿。

把"粪水打杂"转化成进步学习的养分

在职业生涯发展的过程中，无论是建教生、实习生还是工读生，都属于成长中的"蘑菇管理阶段"。因为初学者的养成历程很像蘑菇的生长，他们常被公司或主管安排在"不见光的角落"，做些打杂跑腿、扫地倒垃圾的工作，有时候还会被"粪水淋身"，遭到主管与同事的责备，工作的时候他们也常会觉得是"自生自灭"，感受不到公司的呵护和照顾。

话虽如此，"阴暗的角落""脏臭的粪水"却给了处于"蘑菇阶段"的晓波最充足的养分，倘若晓波被安排在"日照过多"的地方，反而会因"曝光过多"提早"夭折"。

也就是说，作为处于"蘑菇管理阶段"的新人，晓波可以通过工作学习如何放下身段，从简单的工作开始，配合团队执行任务，锻炼自我的挫折容忍度。同时，晓波亦可通过实习的过程，顺利从学校转换到职场，消除不切实际的想法，在最短的时间内吸取最多的实践经验。

从公司的角度来看"蘑菇管理"，在新人对工作、业务还不够熟练的时候，主管通常不会安排太重要的工作给他们，让他们有一个慢慢历练成长的过程，即使他们在这个过程中出现了失误，也不会给公司造成重大的损失，可以说是双赢的合作关系。

现在很多人为了快速赚到人生第一桶金，而选择到海外打工，若从提升专业实力的角度来看，或许会觉得他们学不到东西，有点浪费时间；但若从训练自我心理肌力强度的角度来看，这样做会有不同的收获。

在人生刚起步的阶段，主动接受吃苦受累的工作，乐于享受平凡的基层劳力付出，可以说是去除"眼高手低""好高骛远"的特效药。

08　找出问题——找到人生轨道，发现工作的意义

楷莉刚进入社会不久，原本对未来充满憧憬，无奈表现不如主管预期，主管直接请人事部门淑华处理，这让楷莉的心情跌落谷底。

当楷莉被邀请去跟人事专员淑华谈话时，楷莉满腔的委屈顿时倾泻而出。"主管的要求我都做到了啊。"楷莉不理解自己到底哪里让主管不满意，"该完成的工作我都能完成。"她甚至会困惑，"我不记得有什么事情没做好。"

人事专员淑华要楷莉找出工作表现不符合主管期待的可能原因，楷莉则认为问题应该在主管身上。"因为主管很忙，所以才没有跟主管讨论工作要怎么做会更好。"

在公司里，楷莉始终没有找到自己的定位，她感到很失望，觉得都是因为没有人好好带领自己步入轨道，才会造成目前工作状况混乱。

楷莉认为，自己表现不如预期，原因出在主管安排的工作跟当初面谈的内容不符，来公司时她明明是应聘"活动策划"，却被

叫去做"项目执行"，还要负责跨部门沟通。更令楷莉无法接受的是，当其他部门主管说她能力不足时，主管非但没有帮楷莉说话，还跟其他主管一起责备自己，完全不支持下属，是个"没有肩膀"的主管。

失望之余，楷莉开始频繁请假，不仅工作任务无法完成，而且常会通过其他同事去向主管表达自己的需求，"主管好凶哦，可不可以麻烦你帮我去跟主管说……"或是干脆请同事帮自己跟主管请假，"我昨天整晚身体不舒服，一直拉肚子，拜托，帮我跟主管请一下假。"

由于一直无法融入团队，楷莉出现辞职的念头，"主管这么讨厌自己，未来在公司我也不会有前途了。"她内心有强烈的孤独感，"资深同事都站在主管那边，询问他们问题他们都不回答，也不帮我。"楷莉害怕自己的人生永远这么悲惨，不可能变好，越想心情越低落。

降低防卫心理，找出真正的问题所在

刚踏进职场表现不如预期，楷莉内心难免焦急害怕，为避免接下来进入停滞期，她需要特别注意一些重要的信息。譬如，工作时会觉得烦闷，常常坐立难安，或是总想跟别人保持距离。

虽然每个人刚进公司时的期待都不同，可是，一旦发生不愉快或具有威胁性的事情，人们通常都会启动防卫机制。最常见的就是否认问题的存在，例如"视而不见"，或是"听而不闻"。这就是为何人事部门的淑华在了解原因时，楷莉会回答"我都有做到"或"我不记得……"。

人事部门的淑华想要协助楷莉渐入佳境，第一步要先帮她降低防卫心理，才有可能找到她表现不如预期的真正原因。

第二步是帮她发现自我价值与工作的意义，倘若楷莉勇于挑战自我，积极设定符合公司跟自我需求的目标，发自肺腑地感受到工作的乐趣，而不是被别人强迫来上班，自然能够在工作中得到主管更多的肯定，形成良性的循环。

09 错不在自己——为自己的承诺负起责任

淑华看到新闻报道在讨论"妈宝型员工"的夸张行为，这让她感触很深。

这几年，无论是面试新人，还是在带领新人的过程中，淑华遇到过各式各样的"妈宝型员工"。举例来说，有应聘者在面试的时候，希望面试官先跟妈妈讨论，之后再跟他交谈，让人搞不清楚是谁要来工作。

另一位同事由于经常无故迟到旷工，当公司忍无可忍决定开除他时，妈妈带着他到公司道歉。为了让淑华再给孩子一次机会，这位妈妈不惜下跪道歉。看到妈妈为孩子做到这种地步，淑华既心疼又无奈，不知道该怎么跟这位护子心切的妈妈沟通。

还有一位同事的妈妈经常打电话询问孩子的工作状况，还不断指导主管要如何协助她的孩子，从工作内容到午休用餐都交代得巨细靡遗，给淑华造成很大的心理负担。

"妈宝型员工"的典型特征

淑华想引导"妈宝型员工"自己负起责任，投入工作，需要先了解他们的心理与行为，这样才能增加对话的空间。所谓"妈宝型员工"，即"滞留在青春期的成年人"，他们虽然已经成年，但心理上仍旧极度依赖父母。

"妈宝型员工"对父母的依赖性会以各种不同的行为模式表现出来，包括：自尊低下，抑郁自怜，容易沮丧，达不成任务就开始找借口，很难对事情负起责任，对抗所有的权威人士，不会自己做出适当的抉择，对别人的帮助不懂得感恩，总觉得别人是欠他的，常常制造危机让人难以对他们放心，碰到问题就回家搬救兵，或是上班不满意就换工作。

另一方面，"妈宝型员工"又想拥有成年人的自由权力。例如：凡事总要按照自己的意愿进行，想要什么便要马上得到。同时他们又不想承受伴随成长而来的痛苦与责任。为了避免负起责任，他们可能会采取下面的应对之道：

一是怪罪别人或把责任推给别人，认为"错不在自己"。

二是当他们遇到解决不了的问题时，马上会变得绝望无力。

三是以为问题会自动消失，所以"只要不承认有问题就没问题"。

四是找救兵来解决问题，父母当然是最佳人选。

淑华想要协助"妈宝型员工"长大成人，最重要的就是带领他们迈向独立自主。淑华可以运用思考性的语言来为他们设立行为规范。例如，"等你写完报告，我再跟你讨论接下来怎么做。"这样做就能一步一步带领他们为自己的承诺负起责任。

10   负面解读——建立信任感，降低孤立感

　　每当有人走过怡欣的身边，怡欣就会怀疑对方别有意图。"是不是对我不满意？所以要走到后面监视我？"甚至有同事工作累了伸个懒腰，也被怡欣解读成"一定是讨厌我才会做这个动作"。

　　私底下，怡欣也会跟主管淑华反映：有某个同事不喜欢自己，还会偷偷骂她，导致她情绪不好，不了解为什么大家都要责骂她。虽然主管淑华不断安慰怡欣——没有同事不满意她，也没有人不喜欢她。但怡欣仍然觉得自己的感觉是对的。

　　为了避免误会，有些同事干脆不在怡欣面前说话，以免惹上麻烦。怡欣察觉到，只要她走进办公室大家就会终止谈话，这又让怡欣觉得大家是在讲她的坏话，才会不想让她加入谈话。结果搞得上班气氛紧张兮兮，大家都不知道怎么跟怡欣相处。

　　虽然同事跟主管很想让怡欣相信——大家没有在背后说她坏话，但好像越描越黑，越解释越糟。怡欣认为大家就是心里有鬼，才会"此地无银三百两"，不断地辩解。

"怀疑"常常是投射自己内在感受

怡欣之所以总是觉得"别人对自己不满意",其实是根源于她"对自己不满意"。这就是为什么即使主管淑华不断解释说:"没有同事不满意你,也没有人不喜欢你。"可是她却不相信。

一般而言,相信自己有能力的人,通常会正面解读别人的信息,也就是朝好的方向想;反之,认为自己没有能力的人,常常会负面解读别人的信息,即往坏的方向想。怡欣在和同事相处的过程中,倘若不断感受到"同事看不起我""大家都讨厌我""别人嫌我笨""大家故意排挤我"这些负面信息,就很容易对同事产生敌意。

除了会"负面解读别人的信息"以外,怡欣也有"自我关联"的倾向,会自动把所有"不好的信息"都关联到自己身上,也因此,怡欣会把别人工作累了伸懒腰这种动作都当成是"针对我而来"。

平心而论,大家要跟习惯于"负面解读别人的信息"的怡欣相处,的确很不容易,不过还是有可能改善双方关系的。

要跟怡欣建立"信任感",主管淑华不妨先让怡欣说出自己的想法和感受。譬如,说说自己对其他同事的反应是什么感受,尤其是面对"批评"时的感受是什么,或是询问怡欣:"是什么让你觉得别人不友善?"

在怡欣述说的过程中,主管淑华最好避免急于解释,或否定她的感受,"没有同事对你不满意"或是"大家不是这个意思"这些话非但达不到安慰的效果，反而会造成"否定的效果"。

　　要降低怡欣的"孤立感"，主管淑华可以渐进地引导怡欣参与公司的活动，帮她创造正向的互动，鼓励她跟同事互相分享。一方面让别人有机会了解怡欣，另一方面也让同事澄清误会。当怡欣的沟通技巧越来越好时，"孤立感"自然就会降低。

11 解决问题——学习 CASVE 决策能力

端正是刚进入社会的职场新人。他很幸运，研究生一毕业就找到了工作。原本充满期待地加入上班族的行列，谁知道进公司之后端正却遇到一大堆问题。他既不敢乱做也找不到人问，每天上班都像漂浮在大海中，不知该何去何从？

在公司里，端正的资历最浅，层级最低，他上面还有三个主管，照理说应该会有人带领、教导他。可是，偏偏端正的大主管超级忙，几乎都不在办公室里，每次回公司就是交办工作事项，把事情丢给端正后便又匆匆忙忙赶去开会。二级主管跟端正一样才刚进公司不久，所以也无法掌握整体状况。三级主管则是缺乏动力，凡事都要端正"自己去想办法"，希望端正"独立完成任务"。

虽然端正在大学和研究生时期有过实习经历，但还是有很多事情不明白、不了解，需要主管们从旁协助，就算没有 SOP[①]作业流

---

① SOP（Standard Operating Procedure）即标准作业程序，就是将某一事件的标准操作步骤和要求以统一的格式描述出来，用来指导和规范日常的工作。

程，至少给一些指令和方向也好，而不是像现在一样，主管抱着"师父领进门，修行在个人"的态度，对于过程不闻不问，只要求端正完成任务，做不好他还要被责备。这是端正的第一份正式工作，没想到会这么不受重视，他感觉好挫败。但这也激发了端正克服问题的决心，他想要靠自己的力量找到方向，学会解决问题。

学习 CASVE 决策能力

对于工作历练较少的职场新人端正来说，一个人孤军奋斗的感觉真的好无助。不过，令人感动的是，端正非但没有被挫折和沮丧击垮，反而被激发出解决问题的动力。相信端正的职业生涯发展会渐入佳境。

在此提供职业生涯咨询大师彼得森（Gary Peterson）的"CASVE决策能力"。技巧简单具体，希望能够帮助端正快速找到方向，解决各种问题。执行步骤如下：

第一步，与问题沟通（Communication）。有时候"问题"之所以会出现，是因为理想状态与实际状态之间有了落差，通常落差越大，伴随的情绪也越强。譬如，端正很容易被焦虑、失望、不满、抑郁等情绪淹没，这个时候唯有先消除情绪，才能够帮端正看清真正的问题。

第二步，分析（Analysis）自己。端正不妨先解析自己的各种特质，只有了解了自己才能将自我潜能充分发挥出来。

第三步，运用思考能力（Synthesis）。端正可以从发散性思考开始，自由联想对解决问题有帮助的各种可能方案，接着再聚敛性思考，运用细致的收网功夫，将各种不适宜的方案予以删除。

第四步，选择评估（Valuing）。当端正对自己没有把握的时候，难免会担心自己无法做出正确的判断，此时的他在情绪上容易焦虑不安、心浮气躁；在行为上容易犹豫、逃避、退缩。

若端正想要锻炼自己的决策能力，一方面可以针对不同的方案评估利弊得失，分析各方案的有利因素是什么，不利因素是什么，以及如何化解或是减少不利的因素。另一方面，端正要学会依据事情的重要性排列优先级，事后再检讨决策的结果，久而久之自然能够培养出惊人的判断力。

第五步，执行（Execution）计划。执行计划之前，端正要先分析方案的"有效性"如何，解决问题的效果好不好，同时端正也要尝试分析方案的"可行性"如何，是不是容易执行。比较后选择"可行性""有效性"都比较高的方案，最后再跟三位主管讨论并确定此方案的具体实施步骤。

12 锻炼挫折容忍力——承担失败、被拒绝的风险

　　对明莉而言，业务工作既有挑战性，又有高压性。因为市场趋势变幻莫测，加上客户心理难以掌握，公司里很多从事业务的同事都陷入高度压力的状态。有些同事选择"弃械逃亡"，通过离职来解除压力；也有同事"阵亡沙场"，被迫回家另谋生路。

　　明莉记得刚做业务时，只要被客户拒绝几次，她就会对出门拜访客户心生畏惧，不太敢开口跟客户讲解产品的特色，会期望资深的业务同事可以先行示范，自己在一旁观摩。

　　业务员就算通过"菜鸟阶段"的考验，也不代表他会从此业绩长红。明莉发现，从事业务工作很容易"先盛后衰"——一开始冲劲十足，之后进入瓶颈期，有时一连好几个月业绩都挂零。明莉也曾经陷入瓶颈期，对自己失去信心。那段时间她经常发呆沉默、迟到早退，无法专注于工作。

　　如果业绩始终不如预期，真的会让人产生悲愤的情绪。明莉常

常想不通——该说的都说了，该做的都做了，为什么仍然没有客户下单？有时她也会忍不住抱怨，"为什么我如此努力却没有业绩？别人没有我努力，业绩却比我好？"

当业绩竞争进入白热化，大部分的业务同事都很忌讳别人来踩自己的线，更不能接受订单被别人抢走，万一不小心擦枪走火，免不了引发一场冲突。

以前的明莉自视甚高，觉得自己绝对不会碰其他同事的客户，可是，当业绩压力大到极限，客户又刚好来询问数据时，她就会告诉自己："我没有抢别人的客户，是客户自己来找我的。"

常有业务员说："绩效奖金目标订这么高，好处看得到吃不到。"明莉内心也希望公司可以降低业绩目标，多给他们一些资源支持。但凭良心说，业绩就是公司的命脉，经营要有利润，公司才能存活，因此公司也很难按照员工的期望降低业绩目标。明莉一直生活在"努力达成业绩目标——归零——再努力达成业绩目标"的循环中，没有一刻可以停下来喘口气，有时难免会觉得身心疲累，不知道这样的压力什么时候可能减轻一点。

承担"被人拒绝""失败挫折"的风险

在所有的工作中，业务员需要承担的"被人拒绝""失败挫折"的风险大概是最高的。所以，选择业务工作的人最好具备坚韧的人格特质，只有这样的人才能专注地投入工作，即使遇到困难也可以主动迎接挑战，相信自己有能力克服困难，达成业绩目标。

明莉长期深陷挫折中，就会不自觉预期未来也会面临失败的命运，引发强烈的无助感，进而失去学习的动力。倘若明莉的个性容易焦虑，那么在业绩表现不佳时，她便会逃避，久而久之，其想法就会变得消极僵化，适应力越来越弱。

事实上，遇到困难正好是锻炼挫折容忍力的最佳时机，明莉想要突破瓶颈，就要培养自己善于抓住机会的态度。

首先，让自己保有好奇心，积极开发各种新的学习机会。

接着，以开放的态度来看待挫折事件，从失败中吸取经验。

然后，增加自我弹性，当事情不如预期时，明莉要学习接纳，调整应对的态度。

同时，激发乐观的心理，从工作中找到乐趣，从完成中感受成就。

最后，鼓励自己勇敢去冒险，风险虽然会让明莉焦虑不安，但也会带来新的契机。勇于创造机会，快乐享受收获的成果，自然能够形成正向循环，让明莉越挫越勇。

职场人际

>>

从每个人身上找到独特价值

13 工作倦怠——建立良好的人际关系，形成保护膜

　　明颖从事店面销售工作，也就是店员。明颖很喜欢销售产品，业绩也做得不错，店里70%的业绩几乎都是明颖一个人拼出来的。顾客都以为明颖可以领到高额奖金，其实刚好相反，因为公司采取共同奖金制度，并非依照个人业绩发奖金，而是根据年薪发奖金，以致业绩越好，明颖心里就越觉得不平衡。

　　常常听说其他公司的店员会为了业绩互相抢顾客，这种现象在明颖的公司绝对不会发生，反倒是资深店员会督促资历较浅的店员去招呼顾客，并且指使他们做这做那的。

　　此外，资深店员还会不断教训资历较浅的店员，"年轻人就是需要锻炼才能成长。"或是倚老卖老地责备他们，"多做一点会怎么样，做人不要太计较。"

　　明颖每天忍气吞声，积累了大量的负面情绪，这几乎耗光了明颖对顾客的热情。明颖开始犹豫是否要离开公司另谋出路，可是

她又觉得可惜，在这里真的学到了很多销售技巧，拥有许多忠实的顾客。

有时候明颖会自我安慰——或许就是因为资深店员把顾客都推给自己，业绩才能够始终领先。但是看到他们坐享其成，明颖又会愤愤不平，因而工作时情绪常会起伏不定。

长期心理不平衡，容易导致工作倦怠

从叙述中我们不难发现，明颖已经出现典型的工作倦怠现象。

一是情绪耗竭，工作的时候会觉得情绪过度紧绷或是情绪低落。

二是丧失动力，对工作的胜任感与成就感都大幅降低。

三是冷漠无感，当我们处于理想破灭或是不信任同事的状态时，便会对服务对象丧失感觉，出现冷漠或情感隔离的状况。

这种状况如果置之不理，的确会危害身心健康。所以，明颖最好尽快调整心态，一方面消化愤愤不平的情绪，另一方面找到与资深同事的相处之道，让自己逐步恢复对工作的热情。

一般而言，资深同事会因为害怕自己的"好处""地位"和"重要性"被取代，进而设计出许多预防之道，这是可以理解的。不过，如果为了保护自身的利益，过度剥夺其他同事的福利，的确会引发大量不满的情绪。为了消化情绪，明颖不妨使用"自我肯定表达"来跟资深同事沟通。

第一步，"描述事件"（Describe）。想要清楚传递信息，最好以不带情绪、不加批判的方式描述事件。

第二步，"表达感觉"（Express）。具体说出自己的感觉。

第三步，"明确说出你希望对方做些什么"（Specify）。

举例来说，当明颖忙到分身乏术，资深同事又指使她去做这做那的时候，明莉可以平静地跟对方说："我现在正忙于处理这件事情，如果你交代的事情很紧急，就需要其他人的支持与协助，我可能无法同时处理两件事情。"

在明颖熟悉了公司的运作情形，慢慢地形成了良好的人际关系，找到了自己的工作价值后，自然会形成一层保护膜。处于不平衡的状态下，若时间不长，明颖可以当其是磨炼的机会，体会人生百态；但若时间太长，明颖就要认真思考，值不值得为此牺牲自己的心理健康。

14 双重压力——上下夹攻，里外不是人

　　资深员工怡娟趁着组长佳家出国期间，集结其他同事越级向经理大伟控诉组长"工作分配不均""能力不如自己却当上组长""大家都不服组长佳家的领导"，请求经理主持公道。经理大伟是空降部队，完全不了解部门状况，听信资深同事怡娟对组长佳家的指控，佳家回国之后很快被经理大伟约谈。

　　佳家发现怡娟居然在自己出国时搞小动作，马上反击，举报怡娟"上班看盘投资、浑水摸鱼"。佳家以前容忍怡娟，现在忍无可忍。同时他也对新来的经理大伟感到失望至极。

　　从此以后，同事受到怡娟的影响，都不跟组长佳家报告，即使佳家在公司，同事也都越级直接跟大伟请示。这让佳家觉得自己不被尊重。

　　接到怡娟投诉后，经理大伟的态度也转变了，不再像从前那样关心询问佳家，他开始介入管理，直接下达指令要求同事做这做那。大伟给佳家的理由是："不是我婆婆妈妈，也不是我多管闲事，如果我不亲自指挥，难道让公司内部大乱吗？员工流失率偏高不是你

的问题，是谁的问题，为什么就是做不好？"

大伟强势介入后，佳家非但没有变得轻松，反而身心俱疲，情绪越来越低落。他一方面怨恨怡娟"越级报告，破坏职场规矩"，另一方面觉得自己既没有立场，也失去了主权。"老是被经理扯后腿，干脆将整个部门丢给经理大伟负责好了，自己夹在中间两面不讨好。"

面对"越级"的双重压力

怡娟越级报告，主管大伟越级管理这样的情形之所以会出现，可以从下面几个方面理解。

怡娟认为越是高层越有权力，所以跟高层报告比较容易受到重视，或是能得到好处。这就是何以组长佳家就算人在现场，怡娟依然直接越级跟经理大伟请示。

另外，也有许多主管喜欢向下收集民情，以掌握不同管理层的状况，这样做很容易就会越级指挥。有些主管觉得自己是最高主管，公司所有员工都归自己调度，不算是越级。但有时候主管是不得不越级管理，譬如，上层指示无法精确下达，或是中层主管出现重大失误，只有越级管理才能维护公司利益。

不可否认，"越级"常常很有效，不少问题反映很久都没人关注，越级报告后马上就得到解决。至于越级管理的负面影响，是会让中层主管产生挫折感，久而久之，他会不相信自己的判断力，变得对高层主管过度依赖，或是引发其反抗心理。

员工"越级报告"会严重破坏信任感，就像组长佳家"老是觉得被扯后腿"，上司和下属互不支持，工作自然很难顺畅进行。

想要减少"越级"的情形，首先要检查公司里是否有鼓励"越级"的氛围，假如有的话，就要消除"越级"的好处，这样才能恢复分层负责的工作氛围。

其次，佳家不妨也先安抚自我的情绪，觉察一下："越级"的情形是如何形成的？自己是否也有忽略的地方？同事怡娟的要求有没有值得参考的价值？

陷入"上下夹攻"的情境中，佳家真的非常煎熬，也很耗损心理能量，他需要帮助自己用建设性的方法做好对上下级的沟通协调，重新获得主管与同事的尊重，同时重建与主管、同事之间的信任。

15 双向思考——服从并不是丧失尊严

婉婷在公司负责人事行政事务，常常需要催促同事执行公司的规定。举例来说，公司规定员工每天都要将行程输入电脑，以方便跟进员工的工作进度，但总是有员工不愿意配合。

有的同事会找借口拖延，"好的，等会儿再做。"

有的同事则是因其他事情暂缓执行，"安排行程需要一点时间，我跟客户约好了，现在必须先去拜访客户。"

有的同事虽然口头上爽快答应"没问题，别担心，我会尽快完成"，结果依然是我行我素，没有上传行程。

每天催促同事上传行程，已经让婉婷身心俱疲，还要承受来自主管建宏的压力。建宏认为婉婷没有让同事依规定准时上传行程，就是不称职。双重压力让婉婷常常拉肚子，吃不下东西，她不知道何时才能结束这种噩梦。

了解同事反抗公司政策的心理

同事不遵守公司的规定，确实会令婉婷为难，一方面她很难跟主管建宏交代，另一方面这种现象也容易引发其他同事的抗议或仿效。婉婷是政策的协助执行人员，夹在中间，真的是最辛苦，也是最无奈的。

解铃还须系铃人，要让员工遵守公司政策，依然要由公司主管建宏出面，与员工商量讨论，深入了解他们抗拒的心理，只有这样才能改变状况。

一般而言，有三种类型的员工最爱反抗既定政策。第一种是爱唱反调型的员工，第二种是阳奉阴违型的员工，第三种是逃避型的员工。

对爱唱反调的员工来说，"服从"就等于"丧失尊严"。所以，当公司主管交办新任务、发布新政策时，他们会积极争取主控权，每件事情都要自己做决定。他们既不接受主管的安排或决定，也不会乖乖向别人报告进度。也因此他们常常给人不遵守公司规定的印象。

要让唱反调的员工放弃主控权，服从公司主管的领导，首先要了解他们的反抗心理，然后放下身段跟他们建立关系，平时抽空多听听他们的意见。这样当主管需要他们配合时，他们才会念在彼此的交情上"卖一点面子给主管"。

阳奉阴违型员工最明显的特征是，他们会依照自己的时间表安排工作，当公司的进度跟他们的不同时，他们或故意拖延，或一再出错，以掩饰内心的焦虑。为了自我保护，他们常会逃避责任、挑剔同事，想法也变得消极负面，既不信任别人，也无法肯定自我。

想让阳奉阴违型的员工配合公司的规定，管理者最好给他们具体清晰的指令，同时协助他们做好角色扮演，练习站在别人的立场考虑事情，另外再给予他们自我肯定训练，使他们逐步建立起对同事的信赖感。

逃避型员工的典型行为是，当他们自觉做不好，或者承受不了压力时，就会突然消失，让人措手不及。碰到逃避型员工消失不见的状况，管理者不妨多给他们一点支持与理解，然后帮助他们学习新事物，熟悉新政策。这个时候，如果再责备他们，会让他们的内心更加恐惧愧疚，反倒把精力放在抗拒和逃避上，不利于新规定的推行。

反过来，在制定新政策、新制度的时候，管理者需要"双向思考"，从不同的角度理解员工的想法与感受，这样做自然能够降低员工无谓的抗拒，减少彼此心理能量的耗损。

16 自恋型人格——欣赏自己，也要懂得欣赏别人

公司新来了一个学习、经历都很优秀的同事鸿源，原本老板和主管对他寄予厚望，期望他能够发挥专业所长，为公司创造效益。

没想到鸿源是一个"自我感觉良好"的人，虽然才来公司没多久，开会时他却总是拍胸脯保证"只要放手让我去做，必定会大有收获"。鸿源也会跟主管强调"只有我的计划对公司运营有实质性的帮助"。如果有人不认同鸿源的说法，他甚至在会议进行时"拂袖而去"，或是当众大声咆哮。此外，鸿源还不断在各种场合说："公司只靠我一个人，没有我不行，其他人什么事情都做不好。"

若他真的像自己所说的"对公司运营有实质性的帮助"，大家也乐见其成。事实上，鸿源的计划都没有达成。要是别人问他项目进行得如何，他就会回答："我只负责计划，这个项目我亲自去跑，不符合成本效益。"每次接到新项目的时候，鸿源都会主动跟主管要求"该给多少奖金"。

鸿源的种种行为都让大家无言以对。可是，大家也不知道要如

何让鸿源看到自己的问题，让他能够务实工作，而不是只会说大话，却不见成果。

"自恋型人格"渴望被重视与重用

鸿源的行为模式，明显属于"自恋型人格"，也就是俗称的"自我感觉良好"。他们对别人缺乏同理心，很少考虑别人的需要和感受，只顾着争取自己的好处，完全漠视别人的痛苦。

做事情前他们都会先问"这对自己有什么好处"。和别人来往的时候，他们也很关心"能获得多少好处"。所以，鸿源会主动跟主管要求"该给多少奖金"。由于他们只在乎自己的利益，所以很难顾及别人的感受。

工作的时候，自恋型的人通常会十分在意自己的表现，渴望获得老板或主管的"重视"和"重用"，他们有时候会不择手段地制造"完美印象"。这就是何以鸿源会强调"公司只靠我一个人，没有我不行，其他人什么事情都做不好"。过度突显自己的重要性，自然会让鸿源不易与同事合作共事。

团队合作的时候，自恋型的人很容易生气，总觉得别人不如自己，认为"不遭人忌是庸才"。也因此，鸿源通常不接受其他同事的批评，常会误以为同事在忌妒、拒绝自己。自恋型的人在公司中常会拼命争取"最高头衔"与"最高荣誉"，倘若别人对他们不以为然，他们就会认为对方是在"忌妒自己的才华"。

由于自恋型的人觉得自己是"身份特殊"的 VIP，走到哪里别人都应该给他们"特殊礼遇"，不然对方就是"有眼不识泰山"。这些想法和行为，难免会对其他人造成困扰。一味向自恋型的人退让，他们很可能会得寸进尺。

先欣赏自恋型员工的优点，再带他们欣赏别人

通常自我感觉良好的人不知道自己的言行会带给别人什么感受，只有通过自我膨胀他们才能感受到自己的存在。所以，主管、同事在跟自恋型的鸿源相处时，如果先欣赏他的优点，就能够降低他的防卫心理。

自恋型的人注意力往往只集中在自我身上。所以，主管、同事若能让鸿源觉察到他的行为影响了别人，就会有所突破。

主管和同事下一步努力的方向，是试着带领自恋型的鸿源学着尊重别人的想法与立场，多多理解别人的感受。

日常生活中，鸿源可以多使用"假设问句"——"如果我是对方，我会怎么做？我会有什么感觉？"了解别人的感觉后，再以"需要"两个字来造句，譬如，"我可以满足别人的需要吗？"

鸿源这样做可以一步一步将关心的焦点从自己扩大到别人身上，一方面跟别人建立平等互惠的关系，另一方面与别人分享自己的资源。双管齐下，可以让自恋型的鸿源慢慢领悟"欣赏自己，也欣赏别人"的道理。

17 固执己见——用阿德勒的"刺激问句"找到
   改变的契机

在公司担任组长职务的志伟，为了配合企业快速升级，常常需要调整同事的工作内容，或是临时交办新的任务。大部分同事都努力跟上公司的成长步伐，只有同事俊宏非常固执，每次分派任务，俊宏都会推脱说："这不属于我的工作范畴，我不知道怎么做，你找懂的人去做。"

既然俊宏不肯接受新工作，组长志伟就只好请他去支持别的同事，此时他又会说："我只把自己分内的工作做好，其他人的事情我无法帮忙。"更让志伟生气的是，俊宏还会反问他，"我有困难的时候谁来帮我？"志伟完全没办法跟他沟通，常常陷入苦思，他想帮助俊宏学会变通，但总是以失败告终，这让志伟有很强的挫败感。

"固执己见"的人以不合群来掩饰内心的焦虑感

固执己见的人，常常是以不合群来掩饰内心的焦虑感。一般而言，他们刚到新环境，或是初接新工作时都会难以适应。如果组长志伟可以先了解俊宏过往的工作习惯，安排他从重复性、模式化的工作开始入手，同时给俊宏适度的学习空间，或许可以让固执的小蓝进入状态。

"变通"是处理与判断事情的能力，这里我要给组长志伟提供几个培养俊宏应变能力的方法，或许可以帮助固执的俊宏找到更好的做事方法。下面这几个问题，能够引领固执型的人从不同的角度思考。

- 假设这件事情必须重做一遍，会有什么不同的做法吗？
- 若是其他人负责这件事情，你会给别人什么建议呢？
- 如何确保事情顺利进行？可能会发生哪些状况？
- 万一发生意外状况，有哪些应对方法，或是求救对象？

只要事前把"各种可能发生的状况"先想一遍，并且掌握"不会处理的问题就开口问别人"的原则，相信再固执的人都可以找到变通之道。

另一个有趣又有效的方法，是询问俊宏童年时期学骑自行车的经验。根据阿德勒的"刺激问句"法，我们成年后学习新事物的经验，很多会跟小时候的学习经验相类似。

- 你会骑自行车吗？

- 你第一次骑自行车的经验如何？

- 你如何学会骑自行车的？

　　志伟可以从中挖掘俊宏"学习新事物"的成功经验，进而找到改变的契机。

18　支持性关怀——创伤后应激障碍

　　敏慧的公司近来弥漫着悲伤的情绪。因为同事谦毅用非常激烈的方式结束了自己的生命。谦毅一直以来都很有责任感，对公司的配合度也很高。痛失英才之后，在公司担任人事专员的敏慧想要深入了解谦毅轻生的原因，以防再有悲剧发生。

　　经过与谦毅的家人谈话敏慧才知道，他的家庭状况颇为复杂——母亲因为父亲长期外遇所以精神状况不太稳定，父亲更是抛妻弃子跟别人远走高飞，唯一的妹妹生病导致开销巨大，全家的经济重担都压在谦毅的肩上。于是，他难免在工作的时候表现出不满的情绪，常常感叹自己究竟欠了家人多少债，怎么还都还不完。出事之前，几个跟他走得比较近的同事好像听谦毅提到——交往多年的女友结婚了，但新郎却不是自己。

　　从此谦毅变得安静沉默，虽然部门同事都很关心他的状况，但谦毅总是淡淡地说："我没事，什么都不重要了。"因此事情发生后，很多同事都非常自责，特别是谦毅的直属上司慈文，他懊恼自己为什么没有察觉异样。他还认为其他同事一定觉得自己不是个好主管，没多久慈文就跟公司提出辞职。

降低员工的恐惧与焦虑

公司有员工自杀，对其他员工造成的影响是不可轻视的，尤其是心理的伤害更是深远沉重，往往会在大范围内引发员工的焦虑。这个时候，公司可以通过寻求专业的心理咨询来降低员工的恐惧与焦虑。同时协助员工控制情绪，找出缓解情绪压力的方法。

第一步，降低同部门同事的恐惧与焦虑、愧疚感。

同部门的同事由于与谦毅朝夕相处，通常情绪反应最为强烈，想让大家安顿身心，可以通过小团体的方式让大家聆听彼此的心声与感受。同时使用 HRV（Heart Rate Variability）情绪仪进行检测，一方面可以让大家清楚看到自己的情绪状态，另一方面在心理师的引领下大家可以学习如何掌握情绪脉动，从而有效放松压力状态。这个阶段很重要，若没有及时协助，会让员工之间的人际互动产生微妙的变化。

第二步，关怀第一现场员工的身心健康，尽快安排他们做心理咨询。

在第一现场协助处理的员工通常会出现创伤后应激障碍，例如，经常莫名地感到害怕、惊慌；脑海里不断浮现恐怖画面；对某些特定对象或情境会产生长期且高度的恐惧反应；身体上感到紧张、肠胃不适；行为上也会连带改变，包括做噩梦、夜尿、失眠、失常等等。

第三步，长期对全体员工给予支持性关怀。

危机事件发生之后，相关人员大多精疲力竭，特别是人事专员敏慧和谦毅的主管慈文，大家都希望快速恢复正常。这个时候，公司员工的集体性负面情绪需要共同性的治疗与关注，如果没有及时处理，有些问题会逐渐浮现。譬如，员工开始对公司感到愤怒，或是采取不合作态度，或干脆离职。所以，长期的支持与关怀可以说是协助员工渡过危机的重要力量。

19 比较心理——"努力才会成功"是一种归因偏误

进入社会的时间越久，家豪就越发觉得"谈钱伤感情"这句话真的一点也没错。在家豪的公司里，无论哪一个部门的同事，也不管平日双方交情如何，只要牵扯到奖金，大家就会吵翻天，让主管或是人事部门难以处理各种利益纠葛。

以生产部门为例，有些员工但求速度快、奖金多，他们认为做得快、能赚钱最重要，至于质量好坏则完全不在意。结果注重质量的员工因为慢工出细活，领到的奖金远不及良品率欠佳的员工。久而久之，员工之间难免会有嫌隙不快。还有员工为了多赚点外快而加班，导致激励奖金拿得比别人少，这是他们不能接受的。他们感觉自己的权益严重受损，所以不断地来人事部门吵闹不休。

有趣的是，公司很多员工都觉得自己比别人认真，可是却领不到奖金，大家一致认为是因为自己没有积极争取，才会拿不到应得的奖金。于是许多人都开始抱怨，"为什么别人有奖金，我没有？"

甚至会为此心情不好而请假。

员工为争取奖金拼尽全力，却很少有人静下心来想一想：这样的结果是如何造成的？

"比较心理"与"归因偏误"的现象

从心理学的角度来看"奖金制度"，这原本是设计用来增强员工的"正向行为"，激励同事"工作效率"的方法。

但从家豪公司员工的行为模式可以发现，奖金的发放似乎没有达到预期的效果。这个时候，管理者不妨思考一下，奖金制度是否有漏洞。它没有增强员工的正向行为（做得快又好），而是造成了负面结果。员工只求快不求好，反倒让良品率大幅下降。

事实上，员工每个行为的出现都是有原因的，特别是大部分员工的行为都朝同一方向进行时，管理者更要反思"员工为奖金吵翻天的状况"是如何形成的？

有可能是因为员工出现了"比较心理"，看不得别人比自己好，又不承认问题出在自己身上，所以出现"归因偏误"，即过度苛责主管和同事，同时又过度宽待自己的行为。

事实上，很多人都有"归因偏误"的状况，最常见的例子是，看到别人成功，就归因于"他运气好"；看到别人失败，就归因于"他个性不好"。相反的，当自己成功时就归因于"我非常努力"；当自己失败时就归因于"我运气不好"。

想要改变"奖金制度"带来的苦恼，家豪最好把目光放在员工的工作动机上。除了用奖金提升员工的努力意愿外，更要激发员工的工作使命感与意义感，为自己和公司带来最大效益。

团队激励

>>

成功必定是团队一起达成的

20　A 型性格——尝试把脚步放慢

　　婉婷公司的主管建宏非常喜欢用 LINE^①交办工作。这让婉婷很生气。"怎么会有这种主管？星期天早上 6 点居然用 LINE 给我布置工作，让我星期一早上 8 点提交工作分析报告和销售报告。"

　　婉婷不能理解主管建宏的做法。"一定要这样逼迫人吗？我平日已经是工作压力大到很难入睡了，好不容易假日可以补个觉，他又来干扰我的睡眠，这严重影响了我的生活质量。"

　　何以主管建宏连假日都要用 LINE 交代事情？建宏解释说："我很重视效率，我觉得时间管理很重要，假日用 LINE 通知他们，是希望同事可以准时把东西交出来，我只是好心提醒他们。"

　　而建宏也不能忍受同事明明已经收到信息，他们却毫无响应。"我最讨厌他们没有立即回复，收到工作指令当下就要有反应才对。"对于自己的做法引发婉婷的情绪反弹，主管建宏也有话说，"我喜欢

―――――――――――――

① 一种类似微信的社交软件。

认真工作的同事，正是因为这位同事平常尽心尽力，我才想培养她成为接班人。更何况，假日这么长，花一点时间处理公事也不为过吧。"

主管建宏的重用婉婷根本感受不到。"希望主管可以对我多点信任。如果我认为自己能够把事情做好，就不必再回复他；除非我没有办法完成才会跟主管报告。我是个独立的个体，期望有自己的工作节奏，也需要被尊重，而非事事按照主管的意思去做。"

主管建宏跟婉婷各说各话，彼此都感觉"不受尊重"，但又不知道要如何让对方尊重自己，才能让互动的过程更顺畅，让任务的达成更有效率。

短信沟通容易引发误会

即时通信工具的发明原本是让人际沟通更加方便快捷，彼此之间更有联结感。但若运用不恰当，例如三更半夜发信息给别人，或是表达方式太过"介入指导式"，就像主管建宏直接要求婉婷按照自己的意见来做那样，会给人公私不分、侵占别人业余时间的不良感受。

从上面的叙述中我们发现，主管建宏属于"A型性格"。典型的A型性格特征包括：工作的时候经常一心二用，有用不完的精力，越忙越有劲；会用尽一切力气，想尽办法达到目标；习惯压缩时间，总是在最短的时间内完成最多事情；常会为了一口气完成工作而加班熬夜；认为"休闲娱乐就是浪费时间"，宁可将时间精力用来追求高成就。

也因此，在与同事的互动过程中，拥有 A 型性格的主管建宏明显缺乏耐心，无法忍受等待，总是要婉婷"马上办""立刻做"。如果婉婷不顺从他，他往往会对婉婷口出恶言。建宏容易被小事激怒，所以办公室的人际关系有时会处于竞争冲突的状态。

若主管建宏觉察自己有 A 型性格的特点，不妨试着把速度放慢，以免身心长期处于紧张焦虑的状态，因为这很容易转变成压迫婉婷的行为，影响同事间的互信关系。另外在沟通的方式上，主管建宏最好也从"介入指导式"转变成"支持同理式"，多用 LINE 来关怀、鼓励、赞赏、支持婉婷，用尊重的态度让婉婷感受到主管"正向、安全、开放"的带领。只有这样，婉婷才愿意主动回复信息，跟主管建宏多些互动。

21　责备型性格——从批评中听出期待

　　主管建宏经常在公开场合指责员工，有时会气冲冲地跑到人事部门咆哮，"你们招这么糟糕的员工让我怎么带。"他还坚持要人事部门淘汰不胜任的员工，重新招聘优秀人才。他甚至连客户也看不顺眼，有时会不客气地拍桌子怒斥，"这么烂的客户根本不值得合作。"更麻烦的是，他还会在脸书上批评公司与客户，让公司其他同事非常尴尬，里外都难做人。

　　建宏带领的部门不仅员工流动性高，而且团队士气低落，可是建宏却认为会造成这种状况，都是因为人事部门招人有问题，他们必须好好检讨反省。

　　虽然建宏的行为已经严重影响公司的运作，导致人才大量流失，可是大家碍于建宏的主管身份，都是敢怒而不敢言。少数留在建宏部门工作的同事，不管何时都战战兢兢，一刻也不敢放松。

"责备型"的人总是处在防备状态

主管建宏的沟通模式属于典型的"责备型"，和别人沟通的时候，他总是处在防备状态。如果仔细观察，你会发现，责备型的建宏全身的肌肉都是紧缩僵硬的，骂人的时候他呼吸急促，喉咙紧缩，声音大而尖锐，眼睛突出，脸部涨红。

责备型的人喜欢处处表现得很优越，凡事以自我为中心，无论对任何事情都要批评两句。他们最常挂在嘴边的话是："如果不是因为你……""为什么你从来不那样做？""为什么你老是这样？"

相信不少人都很困惑——何以建宏这么爱批评别人？事实上，生气怒骂可以使人获得控制感，如果其他同事因为害怕而乖乖配合，那么下一次建宏还会用同样的方式处理。

建宏虽然外表强悍，但是内心深处却藏着"寂寞"的感觉。他借着"大声"与"专制"来否定和打击别人，因为只有让别人服从，建宏才能感受到自己的存在与价值。

从批评中听出期待

想深入了解责备型的人，就要从期望切入，试着在批评中听出他们的期待或需要。负责处理此事的人员可以试着询问建宏，"你觉得怎么做，事情会往好的方向发展？"唯有卸除建宏的"武装"，我们才有机会跟他讨论其他可行的做法，不然越多的解释只会激发建宏越强的攻击火力。

处理批评的技巧

还有些责备型的人认为自己不是故意批评别人，只是据实讲出自己的感受。例如他们总爱强调"我是为公司好，才会讲实话"，或者认为"我是爱之深责之切"。在这种状况下，若有同事反驳建宏，就会被他贴上"不受教""爱争辩""唱反调"的标签。

想要减少批评带来的伤害，我们不妨先把批评"解构"一下，也就是说，找找看主管建宏在批评里面藏了哪些动机和用意？越能够理解责备的用心，越能争取到建宏的认同，因为责备型主管若是觉得同事了解他的苦心，其防卫的心理也会有所放松。

22 教官型性格——克服面对面的恐惧

　　每天起床睁开眼睛，婉婷只要想到上班会碰到主管建宏就觉得心悸，喘不过气来。特别是建宏要求严格，而婉婷又无法达到标准的时候，建宏就会用责备的方式让婉婷使命必达，导致婉婷的压力指数节节上升。当婉婷承受不了时，脑中就会冒出离职的念头。婉婷也曾经跑到人事部门向淑华求助，希望人事部门可以跟主管建宏沟通——可不可以降低一点标准，或是交代任务时多点耐心说明清楚。

　　有一次，婉婷被建宏叫到办公室训话，连续被骂了一个小时。他反复对婉婷说："你这么慢，我找新人来都比训练你快。"这让婉婷身心俱疲。她渴求主管建宏尊重自己，如果要交办任务，可以说明轻重缓急，不要侮辱谩骂。

　　但当人事部门的淑华请主管建宏去讨论时，建宏立刻反驳，"我的个性就是急，这位同事做事不够积极，反应又慢半拍，叫她打个电话，她拖到下午才打，我当然要纠正她的坏习惯。"结果是，这次谈话后，主管建宏对婉婷反而更加严厉了。建宏认为"玉不琢不成器"，人就是要被骂才会成才。

现在婉婷一想到主管建宏就会不自觉地发抖，喘不过气来，完全无法工作。

"教官型"主管习惯用严厉的语言责骂同事

很多人都跟婉婷一样，最怕碰到严厉的主管。这类型的主管大多都跟建宏作风相似，就像"教官"。他们习惯用严厉的语言责骂同事，规定同事凡事要按照他们的指导去做，致力于培养遵守纪律、循规蹈矩的同事，努力掌控同事的行动，享受当主管的权威感。

一般而言，"教官型"主管会认为：对同事讲话越严厉就越能掌控同事，同事的表现也会越好。也因此，"教官型"主管会不断告诉同事事情该怎么做。

在"教官型"主管建宏的领导下，婉婷会越来越退缩害怕，既不敢自作主张，更不敢负起责任。不可否认，建宏用命令和威胁的口吻责备婉婷，纠正婉婷的行为，有时效果真的很好，但是婉婷却会累积不满的情绪，甚至导致她抑郁或恐慌。

若想改变"教官型"主管建宏的领导方式，就要先转变建宏的想法，让他在纠正婉婷的行为时，把重点放在婉婷可以改善的地方，这样才能形成正向的循环。

平心而论，要想有所调整，首先需要建宏自我觉察，随后他才能在行为上有明显的转变。更为可行的方案是，婉婷要克服内心对严厉主管建宏的恐惧，在脑海中想象自己有一天能够轻松地面对讲话大声的建宏，慢慢减轻焦虑不安的情绪，让头脑自然运作，避免越紧张越容易出错的情况。

23 工作性格——将对的人放到对的位置上

　　刚进公司的端正让直属主管淑华感到很头痛，原因并非端正
工作不认真，刚好相反，端正极度努力和优秀。在面试阶段，端
正就令主管淑华刮目相看，他不但英文能力佳，而且经历丰富。
更难能可贵的是，端正非常谦虚，对上司彬彬有礼，淑华交代的
事情他会马上用电脑记录并整理成笔记，内容充实完整到连淑华
都赞叹佩服。此外，端正也很擅于做简报，理论分析得头头是道。

　　碰到这么好的同事不是该拍手称赞吗？怎么会让人烦恼呢？
说真的，无论交代什么事，端正都立刻回答"好啊"，可惜他的
表现与努力不成正比，端正做出来的结果常常让人失望。

　　虽然主管淑华对端正的表现很失望，但因为端正的态度良好，
淑华实在不忍苛责他，便一次又一次给端正磨炼的机会，期盼他可
以赶快步入正轨。端正自己也很努力想做得更好，却总是事与愿违。
看端正这么想把事情做好，主管淑华感到非常矛盾，既不忍心责备
他，可是又不知该如何协助端正发挥潜能。

调整"工作性格"，降低挫折感

淑华想要提升端正的工作执行力，首先要清楚了解端正的"工作性格"。

我们从上述资料中可以发现，端正的强项包括"经历丰富""马上用电脑记录整理成笔记""擅于做简报"，从中大致可以看出端正的工作性格偏向"传统事务型"（Conventional）。这类型的人"记录、归档"特别厉害，他们的个性比较顺从，但缺乏弹性。

让"传统事务型"的端正从事需要规划能力、创意发挥，或者自行安排的事务时，事情就会被卡住，无法顺利进行。因此，主管淑华最好避免让端正去做跟他的"工作性格"完全相反的事，不然就常会出现结果和预期天差地别的状况，让人大呼不可思议。

倘若基于工作需要，端正必须执行与自己的"工作性格"不符合的任务，主管淑华不妨让端正渐进式地学习调整性格特质，如此即可大幅降低双方的挫折感。另一个要考虑的是心理因素，压力太大也会严重影响学习成果和工作绩效。咨询时我常见到因压力过大导致记忆力变差、创意发散能力受阻、专注力不够的情况，这个时候，当事人只要疏解压力就能恢复原本的水平。

另外，主管淑华如果可以适时引发端正的成功心理，让端正将关注点从"哪里做不好"转移到"哪里做得好"，以及"怎么做会更好"，这样也能帮助端正展现实力，进而发挥潜能。

24   降低防卫——停止将失败投射到他人身上

自从工作以来，信荣最怕碰到"滥用职权"的主管。偏偏目前在公司碰到的主管文远，很多做法都让信荣非常不满，其中最让信荣受不了的是"主管标准不一、对同事有差别待遇"。信荣最不满主管文远排休不公平，他自己都选择最佳时间出国度假，却要求下属牺牲假期来上班，他甚至还利用上班时间偷溜出去处理私人事务。

然而，当人事部门的淑华将同事的心声传达给主管文远时，他非但没有自省，反倒认为是下属在找麻烦，强迫淑华一定要拿出证据来。

主管文远的想法是，无论自己的领导风格是否恰当，都不需要人事部门介入处理。文远一厢情愿地认为，最好的上下级关系是"下属乖乖配合上司，不要有太多的抱怨"。

文远将同事的"心声"视为"抱怨"，这让信荣觉得很无奈，内心更是愤愤不平，"难道一个人只要当上主管就可以为所欲为吗？"除此之外，信荣也看不惯文远"动口不动手，凡事都叫别人去做，做不好还要骂人"。最糟的是，文远常常"忘记自己说过的话，出尔反尔、朝令夕改，让人无所适从"。

　　对信荣而言，主管文远已经把办公室变成"人间炼狱"，大家上班就像在接受"酷刑"，让人很难受。

主管过度防卫，影响同事的坦承与开放

　　当信荣不满主管文远的领导而产生反抗情绪时，文远不愿意正视问题所在。为了掩饰自己的焦虑和恐惧，他的潜意识开始启动各种防卫措施。文远拒绝接受下属的批评，总是觉得别人在找麻烦，并将自己的问题都"投射"到别人身上，常常因自己造成的过失去指责下属。

　　主管文远之所以会进行自我防卫，无非是想要减轻痛苦，同时避免承担失败的责任。主管文远过度自我防卫，当然会影响下属信荣的坦承与开放，不利于双方信任感的建立。这个时候，如果人事部门的淑华假装什么事情都没有发生，无论信荣怎么反映都置之不理，或是直接责备主管文远"不懂得探查民情，缺乏领导能力"，都只会增加文远的防卫心理。

　　通常，当问题太具威胁性时，人们会倾向采取"回避态度"。所以，要想协助主管文远学会倾听下属的心声，调整管理的风格，淑华最好从"降低防卫"做起。先了解主管文远对下属的期望，再慢慢带领文远自我觉察，进而找出文远领导下属的困难点是什么，最后才能达到帮文远改变领导风格的目的。

25　讨好型性格——不要害怕冲突或压抑不满

　　许多公司的主管都属于权威型领导，让同事望而生畏。永祥虽然身为主管，却是老好人型的领导，遇到事情不敢直接跟下属说明，害怕同事会情绪反弹，总是想方设法请其他同事去传话。

　　永祥万万没有想到，居然有同事燕惠跑去跟人事部门抱怨，"主管要交代我做什么事情都不直接告诉我，要通过其他同事传达，这让我觉得很不受尊重，希望主管不要再通过第三者传话。"

　　而当人事部门询问永祥时，他委屈地表示，因为担心自己直接找燕惠问她"事情怎么还没有做完"会让燕惠难过受伤，他才请其他同事协助了解状况。不料这反倒让燕惠误以为"主管嫌弃自己能力不好，不愿意直接与她对话"。燕惠的负面感受，完全出乎永祥的意料，自己的一片好意，竟会被燕惠解读成这样。

　　过了一段时间，永祥又面临另一个领导危机。部门同事光明非但不接受永祥调整新工作的安排，还进一步提出加薪升职的要求。全部门的同事都在看永祥如何处理这样的状况。陷入危机的永祥，感觉既痛苦又矛盾。当上主管后，他就期许自己不要成为"权威型主管"，可以跟同事好好相处，谁知道会出现难以管理的难堪局面。

"讨好型"的人害怕冲突、压抑不满

永祥是比较典型的"老好人型"主管。优点是对别人的感受很敏锐，容易同理同事的情绪；缺点是不愿意面对与别人意见不合的局面，更不善于处理人际的争执，同时也很难坚持自己的观点，不能迅速做出决定。

一般而言，"讨好型"的人在做员工的时候往往是团队中"配合度"最高的，而他们在当上主管之后却常常成为"妥协度"最高的领导者。

"讨好型"的人遇到冲突情境时，通常会有下面几种情绪反应：

第一种是害怕或不愿意面对冲突，倾向将自己抽离冲突的情境。"讨好型"的人有时会采取这种反应。

第二种是压抑不满的情绪，倾向选择让步、放弃，不再坚持己见，以求避开冲突。很多"讨好型"的人会选择这种应对之道。

第三种是产生大量焦虑挫折的情绪，既担心冲突会影响双方关系，以后见面会尴尬，同时也感到挫折，甚至有时会对人际关系产生怀疑，不知道怎么回应对方才好。

上面三种情绪反应，永祥几乎都经历过。比较理想的应对之道是，情绪稳定地跟同事讨论，以尊重的态度化解冲突；而非置之不理，期望冲突自动消失。

　　如果永祥觉察到自己有讨好别人的特质，不妨回顾反思一下：讨好的个性会对人际沟通产生什么影响？如果要调整沟通风格，需要加强的是什么？通过这样的思考，永祥就可以逐渐产生自我效能，坚定自己的决定，平等地跟对方沟通，不退缩、不妥协。

26　身体自主权不容侵犯

担任公司高层主管的仁寿，在公司常对女性同事有性骚扰行为，不是借拥抱之名"上下其手"，就是以关爱之名近距离摸头拍肩，连打个招呼他都可以快速抚摸别人的手。尽管大家都很讨厌仁寿这些自以为潇洒的举止，但因仁寿还算温暖慷慨，就没有让他难堪。

有一天加班到很晚，仁寿非常好心地要送女同事娟秀回家，就在快到娟秀家的时候，仁寿猛地把车停在路边。正当娟秀想开口问："是不是要在这里让我下车？"仁寿突然一把拉住娟秀，意图亲吻娟秀。娟秀拼命挣脱后狂奔回家，饱受惊吓的她当夜根本无法入睡。事后娟秀心想：只要不再搭主管仁寿的车，应该就不会被骚扰。谁知道有一天娟秀走在公司的走廊上，仁寿居然从后面抱住她，真的令人欲哭无泪。

娟秀很珍惜现在这份工作，却偏偏遇到这样的主管。她每天都神经紧绷，一分一秒都不能放松，又害怕仁寿会公报私仇，影响自己的前程。

避免骚扰者变本加厉

像仁寿这样的骚扰者，就是利用大家"不想弄得太难堪""算了，还是不要声张""多一事不如少一事"的心态，其行为才会变本加厉。

另外，像大部分的骚扰惯犯一样，仁寿也是无可救药的自恋狂，自认为拥有特殊的魅力，别人绝对抗拒不了他们的吸引力。这就是为什么仁寿会出其不意地拥抱、亲吻、抚摸娟秀。对仁寿来说，这是"展现魅力"而不是"性骚扰"。

据我多年的观察，公司最常发生性骚扰的状况首推出差。原因很简单，主管手握治外法权，反正下情不能上达，做了什么也没人会知道。这就是为什么出差的时候特别容易产生桃色纠纷。

其次是在喝酒应酬的场合，若发现有人肆无忌惮地把手放在自己的腿上、身上，当事人一定要马上反应，立刻把他的手拿开，或是立刻站起来表达不满，才能杜绝对方的非分之想。如果当事人毫无反应，那他就会得寸进尺，越摸越过分。要是当事人担心气氛太尴尬，可以马上起身去厕所，回来后想办法换个位子坐，"保持距离"不仅是保障生命的交通规则，同时也是对付色狼的安全守则。

事实上，不论情节多么轻微，只要感觉有一点点不愉快，当事人都要毫不犹豫地制止骚扰者，并且说出自己的感受，否则这些性骚扰的行为将会一再发生，甚至演变成情节更严重的性侵犯，对当事人造成更大的伤害与困扰。

以娟秀的例子来说，她以为只要不再搭主管仁寿的车，应该就不会被骚扰。但事实刚好相反，仁寿大胆到敢在公司的走廊上抱住娟秀。所以，阻止仁寿这类骚扰者最有效的方法，就是大声地宣告他们的恶劣行径。

如果当下只是独自一人，娟秀在事后也要立即告诉亲人、同事，请大家一起想办法阻止性骚扰继续发生。同时娟秀也要告知公司，倘若有所不便，也可以向民间可信任的团体求助。

不要轻视性骚扰的危害

很多人会轻视性骚扰带来的伤害，觉得"摸一下有什么关系，又不会少一块肉"，或是认为讲讲"黄色笑话"又无伤大雅，何必大惊小怪。其实不然，被骚扰者会感觉沮丧、自卑、焦虑、孤立无援，他们会没有安全感，情绪低落，注意力无法集中，不再信任别人，甚至出现失眠、头痛、晕厥等身体症状。

所以，性骚扰虽然没有产生实质的身体伤害，却可能对受害人造成永久的心理伤害，千万不要轻视其杀伤力。

公司经营

>>

员工是公司最大的财富

27 人力不足——永远站在员工的角度思考

淑华是人事部门的主管。最近这段时间，由于公司人手严重不足，导致各部门纷纷陷入混乱局面。仓管部门首先发难，因为缺少人手，每位同事都是一个人当三个人用，尽管大家忙到连上厕所的时间都没有，依然无法如期出货。

在这样的状况下，当营销部门主管怒斥仓管部门"耽误出货，影响公司运营"的时候，不少仓管部门的同事都哭着提出辞呈。他们一方面委屈无助，"已经如此卖命配合公司，还要被人责难。"另一方面也深感自责，"没有达成任务如期交货。"

为了争取人手加快出货速度，仓管部门主管跟淑华强烈抗议，他认为人事部门漠视他们的需求，才会害他们背上"耽误出货"的黑锅，如果再不增加人手，一切后果由淑华负责。

一波未平一波又起，原本一直默默工作的测试部门，也在这个节骨眼儿上跑来跟淑华抱怨，"现在加班已经变成常态，不断告诉我们要共克时艰，到底要压榨我们到什么时候？公司根本不了解员工的辛苦，我们反映人手不足那么久，公司始终没有增加足够的人力，现在又有好几个员工离职，员工的忍耐是有限度的。"

淑华试图调派其他部门的员工来支持，结果又引发他们的怨声载道，"为什么我们要做这些事情，这既不是我们的专长，也不是我们原本的工作，何以我们要承受其他部门的压力。"

淑华每天被各部门"追杀""炮轰"，压力大到"鬼剃头"，她甚至开始质疑自己的工作能力。

"人力资源短缺危机"会引发严重的身心状况

淑华的压力是很典型的"危机超负荷"，既集中又频繁。全公司的员工都置身于"高压锅"中，变得越来越暴躁易怒，对其他部门的需求都会做负向解读。如果忽略，很容易耗损全体员工的身心健康。

无论是核心人才缺乏，还是人员素质不够，都可能让公司错失良机，无法取得竞争优势。很多公司基于人事成本的考虑，会让公司的核心人才疲于奔命。长此以往，就会让员工的负面心态开始蔓延，互相传染，导致各种人事冲突与摩擦，这就是为什么各部门的主管都来找淑华抗议。

当公司上下充满负面能量时，无论是对政策不满，还是对人事不悦，轻则引发消极怠工，重则造成罢工抗议。这种状况越快处理越好，以免造成更大的危机。

事实上，从淑华同事的抗议中可以看到他们的愤怒与无奈，包括"不断反映人手不足""感觉受到压榨""需求被人漠视"。所以，解除危机的第一步，是认真聆听员工的心声，并且实际满足他们的需求。同时淑华要避免"公司政策就是这样，我也没有办法"这种回答，否则，非但无济于事，反而会引发强大的无力感，让员工失去仅存的工作动力。

　　此外，对公司而言，员工保有优质的竞争能力也是很重要的，譬如潜能、体力、智力、情感力、意志力、实践力等。过度操劳会急速耗损员工的竞争能力，形成恶性循环。

　　淑华的当务之急，除了快速补充"新血"，给予足够的培训外，还需要从心理专业的角度跟公司说明这种情况造成的损失，如此才能真正解除"人力资源短缺危机"。

28 心理疲劳——适当回馈引发加班动力

家豪的公司属于"研发制造与销售服务"全方位包办的产业。每年只要到了产品销售旺季，同事们就会因为加班问题引发一连串的冲突，这让身为主管的家豪左右为难。

有一次，有位 A 同事早上身体不舒服，就跟家豪说："我下班要去看医生，不能留下来加班。"家豪看他面有菜色，便答应了。另一位 B 同事得知消息后，也跟家豪说："我下班后需要办理验车相关事宜，无法加班。"

由于接二连三有同事来跟家豪说明"今天无法加班"的状况，家豪只好召集所有同事，努力拜托大家，"今天有一批产品要赶工，请大家务必留下来加班。"这个时候，因家里有喜事而提前报备不加班的 C 同事马上反弹，"我已经事先报备不必加班，今天绝对不能留下来。"

眼看同事个个理直气壮，家豪也毫不退让，生气地说："搞什么，不过是加个班，哪来这么多理由。"接下来家豪干脆把"烫手"

的加班问题丢给3位同事，"不管是什么理由，你们自己去协调，今天一定要有人留下来加班！"可想而知，一场混战就此展开。

至于配合公司需要留下来加班的同事，一段时间后，他们也常会因身体太过疲累而想要离职。公司里最常听到的心声就是："这一年多来都在加班，下班时间越来越晚，我家小狗都快不认识我了。"明知同事长期加班工作身体会负荷不了，家豪也无可奈何，工作总要有人完成啊。

除了平日加班的状况外，偶尔也会遇到同事在深夜或假日临时来公司处理突发状况。没想到有同事因为不熟悉公司的保安系统而误触警铃，导致警卫部门虚惊一场。而当公司调查了解责任归属时，这位误触警铃的同事既委屈又懊恼，认为自己全心全意为公司付出，竟然要花心力应付这种扰人事端，这让他心力交瘁。

由于要不断处理同事的加班纷争，家豪压力很大，下班后只好靠食物疏解压力，短短半年他的体重就暴增10公斤，这让他惊觉自己是否不适合担任主管，才会处理不了这些状况。

常常加班容易产生"心理疲劳"的现象

很多刚升职当主管的人，都会像家豪一样，被同事层出不穷的纷争弄得心力交瘁，甚至会因此影响睡眠质量。新手主管家豪必须了解同事"心理疲劳"的状况，才能找到最适合的调解方法，避免形成分工不合理的现象——配合的同事越来越疲累，不配合的同事反而落得轻松。

如果员工需要长时间集中注意力做重复性的工作，原本就很容易感觉疲劳，这是因为单调的工作不易引发工作动机与兴趣，在这种状况下，倘若家豪又让同事经常加班，没有给予适当的休息，同事的情绪就可能会从"单调乏味"变成"广泛性的焦躁不安"，久而久之便会产生"心理疲劳"的现象。他们除了思考力会降低，也会伴随情绪失控。还有，长时间加班工作，不仅员工工作效率会递减，出现意外事故的频率也会增加，这也是何以同事会误触警铃。

虽然加班问题不是重大事件，但却属于"日常困扰"，像是承担太多责任，没有时间陪伴家人与宠物，经常和同事争吵，等等。有研究显示，"日常困扰"的累积量远比"重大事件"要多得多，造成的心理压力也比较高，是预测情绪及健康水平更准确的依据。

从家豪公司同事为加班而引发的冲突行为中可以看出，公司员工中有"心理疲劳"的现象，要根本解决冲突，最好还是给同事充分的休息。

家豪要想平息同事间的冲突，可以深入了解他们内心真正的想法，同理他们的辛苦付出，并且寻求他们的支持，让他们清楚地知道自己对公司的贡献是什么。同时，家豪还要说明公司会给员工什么回馈，这样自然能引发同事的加班动力。

29 期望公式——激发力量＝目标价值 × 期望概率

几乎每年职位晋升的人事命令发布之后，人事部门的淑华都会接到一些自认为"不公平"的申诉。其中情绪反应最大的，是资深员工怡娟，她非常愤怒地跟淑华说："说真的，凭什么是那个人？我进公司这么多年，我不觉得他哪里做得比我好，论配合度、贡献度、主动度，我哪一点不如他，这样对我公平吗？算了，跟你们人事说有什么用？主管不信任我，做再多也没有用。"不等淑华安抚情绪，怡娟就掉头走人。

另一个觉得不公平的是振凡，他自认为工作表现优秀，因此非常激动且大声地跟淑华抗议，"公司的晋升制度实在太不公平，工作的时候明明就是有人认真、有人不认真；有人表现好、有人表现不好。明明应该是表现好的人被晋升，结果态度认真的人没有被肯定，反倒是浑水摸鱼的人被提拔。付出与回报根本就不对等，那谁还会付出？"

评估结果公布后，怡娟跟振凡的工作情绪都受到很大的影响，两个人开始变得消极被动，给公司人力资源造成重大损失。

但更让淑华感到遗憾的，是被晋升成主管的维俊也适应不良。维俊原本是很优秀的工程师，所以公司提拔他当现场主管。没想到升职之后维俊因为带团队的表现不如个人表现优秀，以致情绪低落。"以前只要自己做好就好，现在当上主管，同事出错还要负连带责任。"维俊居然抗拒继续再当主管，希望可以回到原本的职位。

淑华觉得既无奈又为难，公布晋升名单很难皆大欢喜，一不小心，就会折损优秀人才。虽然实际决定权并不在自己手中，她却要默默接收同事的不满情绪，把苦楚往肚里吞。

"晋升症候群"跟"期望公式"息息相关

淑华公司发布人事命令之后产生了"晋升症候群"。没被提拔的怡娟跟振凡感到极度不公平，得到晋升的维俊觉得帮同事扛责任的压力太大，这都很符合心理学家维克托·弗鲁姆（Victor H. Vroom）所提出的"期望公式"：**激发力量 = 目标价值 × 期望概率**。

简单来说，我们每个人在工作的过程中都需要激发内在的潜能，然后采取行动达成目标。影响我们积极付出与努力程度的就是"目标价值"。也就是说，当怡娟跟振凡希望通过努力工作获得晋升时，"晋升"的目标价值就很高；相反，假如维俊完全不想晋升，只想安稳地做好分内的工作，这个时候，"晋升"的目标价值就等于零。要是员工很怕晋升，认为当主管会带来不可预期的麻烦，那么"晋升"的目标价值就是负的。

另一个会左右我们行为动机和实践信心的是"期望概率"。员工会根据过去的经验来判断自己达到目标的可能性有多大。也因此，当怡娟跟振凡发现"晋升的人不是自己"后，自然会感到非常失望。一旦经过努力仍旧无法达成目标，员工的工作动机便很容易大幅降低，他们甚至会放弃原有的晋升目标，改变努力工作的态度。

所以，对公司而言，"晋升"员工绝对需要深思熟虑，因为其影响之大往往超越预期，一不小心就会让公司的整体士气下降。那究竟什么特质的人适合晋升成为主管呢？

从"工作性格"的角度来看，晋升为主管的人要具有良好的规划能力、领导能力、口语表达能力、组织安排能力及引导同事达成目标的能力，可以促进公司与同事的双重利益。

如果你想要晋升成主管，不妨思考一下：自己是否拥有这些特质？倘若自我评估后发现自己缺乏这些特质，就可以及早培养，避免让心理能量流动到抱怨或批评。

如果让研究型（Investigative）的人担任主管职务，他们就会感到不适应，研究型的人善于运用思考、分析能力，能够观察、评量、判断，推理事情的来龙去脉，进而解决问题。虽然研究型的人拥有很强的逻辑思维能力，但他们通常比较缺乏领导以及沟通协调的能力。这就是何以很多公司都面临研究人员晋升为主管后带不动同事的窘境。

再从"人格特质"的角度来说，倘若主管具备建设性的领导者特质，包括自我接纳、尊重同事、温暖热忱、情感流露，就有助于凝聚士气，促进同事成长性的改变，并且带领同事完成工作目标。反之，如果主管拥有破坏性的领导者特质，包括攻击性强、讲究权威、情绪化、缺乏耐心，就很容易造成人心涣散，激发同事反弹抗争的情绪，把自己带往险境而不知。

淑华从协助同事排忧解难的过程中，慢慢地摸索领略到——要让同事的潜能价值发挥到最大，除了需要掌握同事的工作性格，也要深入理解同事的内在期望。

30　导入新系统——员工必须随着公司一起转型

在公司做人事主管的淑华，发现随着公司规模日益扩大，不仅员工人数越来越多，管理制度也逐渐由简转繁。说真的，公司快速发展的这几年，淑华简直每天都活在水深火热中，除了忙着制定各种规章制度，还要引进各种系统，更要不断帮助员工适应新的制度。

虽然淑华了解——员工都希望公司赶快安定下来，不要在短时间内变动如此之大，同时导入这么多新系统，既难立刻上手，也抽不出时间学习，只会把大家搞得"人仰马翻"。但是淑华心里也很清楚，导入新系统是为了掌握员工的状况，方便公司调度人力。她没想到新系统会引发员工的怨声载道。举例来说，公司决定在公务车上加装 GPS 系统，原本是想让管理更透明化、清晰化，不料有些员工会感觉"不被信任""受到监控"。

平心而论，新系统的确会让"自我管理不佳""公事私事不分"的员工无所遁形，这就是公司想要达到的效果——清楚知道每位员工的工作进度。

另一个引发员工强烈反对的是 KPI 绩效考核制度。还曾经有人当面痛骂淑华，"搞什么 KPI，根本不懂人间疾苦，导入又没有用，只会浪费时间。"面对员工的责骂，淑华也只能耐心解释，希望员工了解公司的理念，实现高绩效。

连推行在线请假系统，员工都会抱怨。"为什么要我们自行上线请假，请假是人事部门应该帮我们处理的工作，这样增加我们额外的工作，让我们无法安心工作，希望人事部门统一处理请假流程。"

这段时间，淑华承受的压力已经大到影响睡眠。淑华发现，当公司处于转型阶段，集中引进各种系统与制度的时候，自己很容易受到员工抱怨情绪的干扰，脾气也变得暴躁易怒。她对员工讲话的口气开始不耐烦，甚至会突然失控。淑华不知道自己的状况是一时的，还是会越来越严重，内心充满担忧与无奈。

如何快速适应新的制度

面对公司的转型变革，员工通常会有两种心态。一种是渴望成功，希望自己更具竞争力，而强烈的成就动机，会让他们勇于克服困难，愿意承担改变的风险；另一种是害怕失败，碰到过去没有做过的事情，会担心有不可预料的后果，也因此他们会倾向选择低风险、较简单的工作，以免招致失败的命运。

淑华想要协助员工适应新的系统与制度，不妨先观察员工在面对改变时的行为反应，同时探索背后的心态，如此才能让员工愿意适度冒险。

一般而言，害怕改变的人偏爱重复性、结构性的工作，对新事务比较难以适应。表现在行为上，最常见的就是以"不合群"来掩饰内心的焦虑感。所以，假设淑华发现员工越来越不合群，最好多给他们一点时间及空间，让他们有机会重复练习，熟练之后自然能够上手。

倘若员工坚持不愿意改变，淑华可以先聆听员工的想法，再根据员工所说的困难点提供协助。淑华可以主动询问员工："如果我……，对你会不会有帮助？""愿不愿意听听这个系统在其他公司成功的例子？"

要引发员工改变的动机，淑华可以从三方面着手。一是让员工对改变产生期待的心理，二是提供使员工想要改变的诱因，三是努力满足员工的需求。当员工觉得改变的"成功概率大于失败概率"的时候，自然会接受改变，勇敢面对挑战。

31 工作自主性——轮调才能增加历练

淑华身为公司的人事主管，为了增加员工的历练，经常需要为员工做一些职务调整。但即使立意良善，每次到了职务调整或工作轮调的时候，还是会有员工不愿意接受，认为轮调就是"否定自己的工作表现"。

前段时间，员工怡欣在轮调谈话时情绪极度不稳定。怡欣认为轮调是一种"变相的降级"。她觉得自己的工作很重要，怎么可以由一个资历较浅的员工来接替，反而安排自己这样资深的人去做不重要的工作。

怡欣对这样的轮调感到非常"不服气"，跑去跟淑华抗议。"对方能力不如我，凭什么接替我的工作？为什么我要去教他？"当怡欣抗拒调动时，不仅无法达到轮调原本的意图，还激起了怡欣与其他员工之间的对立情绪。

有时候在部门极度缺人的状况下，淑华不得不适时做些人力调度。为了让支持的人力尽快步入正轨，她多半会优先选择平日表现良好的员工。从多年的调度经验中，淑华发现很少有员工愿意扮演"救火队员"的角色。员工普遍会担心调离原岗位后，先前的努力会白费。有的人不想重新经营人际关系，所以会坚持留在原岗位，还有人会以威胁的口吻跟淑华说："如果我不同意，公司可以勉强我吗？"

最惨的状况是员工轮调之后适应不良，制造了更多问题。每次轮调，虽然淑华表面上都能从容应对，其实她的内心焦虑不安，不知道该如何说服员工欣然接受轮调。

觉得自己缺乏工作的自主性

从心理的角度来看，工作调度或职务轮调之所以会引发员工怡欣抗拒的情绪，最主要的原因是怡欣产生了不平衡或不受尊重的感觉。特别是，轮调前如果没有事先跟怡欣讨论，就很容易让怡欣觉得自己缺乏工作的自主性，自己的命运掌控在别人手上。一旦怡欣感觉"无法决定自我的前途"，接下来就会有"人为刀俎，我为鱼肉"的无奈感。

此外，在怡欣好不容易适应目前的职务环境后再调动岗位，有可能让她因此对公司产生不满的情绪，而导致"员工与环境不再契合"的状况出现，可想而知，怡欣带着情绪工作当然不会有良好表现。

人事主管淑华若想顺利完成职务调动的任务，最好事先跟怡欣做充分的沟通，让怡欣了解职务调动对自己的利弊得失是什么，以及公司调度的用意是什么。如此，怡欣才不会因为对公司有负面评价或失望不满而无心工作。

再者，淑华在调整员工怡欣的职务后，也要提供足够的资源与协助，帮助怡欣适应新岗位，学习新技能，避免怡欣因职务轮调产生严重的职业倦怠感。

32 满意度指标——公司战斗力的来源

淑华没想到，欢乐的年假过后才刚开工，公司就遇到了有史以来最严重的跳槽风暴。

首先是公司重点栽培的优秀员工婉婷提出辞呈，这给主管建宏带来很大打击。因为婉婷学历高、专业好，既不计较薪资多少，也从不抱怨工作辛苦，是公司高层眼中不可多得的人才。虽然主管建宏极力挽留，但婉婷仍旧去意坚决。

于是，这个"留住人才"的艰难任务立刻转到人力资源部门的淑华身上。当淑华还在琢磨如何留住婉婷的对策时，另一位向来表现不错的员工明远也决定跳槽到另一家公司。让人头疼的是，之前从没听明远发表过什么不满公司的言论，谁知打算跳槽前他却怨声载道，不断跟其他员工说公司这里不好，那里有问题，甚至跟同事说："这样你们还待得下去啊？"

公司高层主管非常担心这些情绪性的言论会影响员工士气，引发人心思动的不良影响，于是给淑华施加了强大的压力，要将"向心力"和"留任率"列为人力资源部门今年的工作重点。

正当淑华忙得焦头烂额时，居然有一位业务部门的员工端皓没有办妥离职手续就不来上班了。端皓还理直气壮地打电话到人力资源部门催促淑华，"希望这一两天就可以领到薪水，另一份工作已经在等我了。"不管淑华怎么解释说明，"离职要交接清楚、办妥手续"，端皓就是听不进去，不明白"自己的薪水为什么要被扣留"。

一连串的离职轰炸，让人力资源部门的淑华感到心力交瘁。她很想知道，有没有什么方法可以预知员工要离职，这样就能及早采取应对之策，留住优秀人才。

预测员工留任的参考指标是"满意度"

人力资源部门的淑华想要准确预测员工是会选择留在公司继续打拼，还是跳槽到别家公司开创新局面，最重要的参考指标是"满意度"。"满意度"指标是双向的。淑华可以通过下面这些问题，进一步了解员工的意向。

员工的性格特质跟公司的企业文化是否契合？譬如，明远跳槽前会怨声载道，就代表明远的性格特质跟公司的企业文化可能是不契合的，明远早就看公司的做法不顺眼，离职前便一口气爆发出来。

员工对公司提供的薪资及福利的"满意度"高不高？学历高、

专业过硬的婉婷，虽然平日"不计较薪资多少，也从不抱怨工作辛苦"，但不代表婉婷的"满意度"是高的，只是婉婷没有说出口而已。

员工的能力和公司需要的能力符不符合？如果合得来，就能携手合作，否则就会分道扬镳。另外，根据研究，会影响员工"满意度"的因素还有：

- 工作是否顺利？
- 工作时有没有"自主性"和及时反馈？

公司提供的"成长机会"让员工满意也很重要。相反，"技术不被尊重"和"角色冲突"则会大大降低员工的"满意度"。因此，公司若能提供有趣、有成就感的工作内容，自然比较容易留住员工。而主管与人力资源部门的责任，就是了解员工的心理状态与工作需求。下面这些问题可以帮助我们洞察员工的内心世界。

- 目前工作中哪些部分是员工真正喜欢的？

例如，可以跟客户面对面讨论沟通，得到客户的肯定认同。或是有机会在众人面前公开演讲，阐述自己的理念想法。

- 目前工作中哪些部分是员工不喜欢的？

例如，常常需要撰写报告、整理档案，却不知道这些报告和档案有什么用途。

· 哪些活动或计划是员工一直想做，却没有时间做的？

例如，员工一直提到想要开发新客户、制订新计划，行动上却因为各种因素始终拖延，没有去执行。

· 哪些工作是员工一直想要进行，却因为缺乏经费或欠缺人力而没有做的？

例如，员工常常建议公司做市场调查，以便更清楚市场趋势。或是员工期望公司可以多投入一些经费在产品研究上，让产品更具竞争力。

公司要让员工有机会做他一直想做的事，员工才会产生强烈的工作动机，他们不仅工作起来有成就感，也会感谢公司给自己机会。反之，如果工作很无聊，没有成就感，员工会很快产生厌倦感，流动率自然就高。所以，让工作变得有趣、富有挑战、刺激，又能带来成就感，就能让员工保持高度的热情，交出漂亮又满意的工作成果。

33 心理契约——公司与员工的价值观不一致

在纷扰的人事议题中，最让家豪为难的，就是员工违反公司规定。同事违反规定的理由千奇百怪，而且总是一再发生，无论家豪如何叮嘱都不能预防同事违规。

公司仓储部门的员工武瑞，常因开堆高机的速度过快而撞坏高价商品。为了避免更大损失，家豪多管齐下，除了加强职前训练外，工作时也不断提醒武瑞注意安全，但武瑞依然如故。身为主管的家豪只好通过让武瑞赔偿来降低损失，同时开会通过这项决议，希望此举能让武瑞重视此事。

结果，制度执行后，武瑞还是粗心大意地撞坏高价商品，更不服被处罚。他反驳的理由是："我又不是故意的，撞坏东西我也很难过。""大家都这样开，为什么只有我被罚钱！"武瑞完全忽略自己的行为让公司蒙受重大损失的事实，只强调制度过于严苛而不愿意接受处罚。

另一个经常发生的违规事件是请其他同事代签到。公司人事部门三令五申禁止同事代签到，但总是有人存着侥幸心理，以为不会被发现。他们的违规行为被公司察觉后，他们又激烈抗争，"这种小事有什么好处罚？很多人都找人代签，为什么处罚我？"甚至有人要求家豪先处罚好心代人签到的同事，才肯接受请人代签的罚则。

说实在的，公司毕竟不是执法单位，家豪碰到各式各样违反公司规定的员工，真是感到束手无策。他不免质疑自己是否能胜任主管。

"心理契约"会影响员工的配合程度和工作态度

员工是否可以遵守公司规定，跟员工隐藏于内心的"心理契约"息息相关。所谓"心理契约"指的是公司跟员工双方心照不宣的权利义务与相互期望，这些不成文的"心理契约"会影响员工的配合程度和工作态度。

如果家豪想要了解员工内在的"心理契约"，可以从下面这几个具体行为来评估员工的心理状态，进而思考如何引导员工改变其违规行为。

- 对公司的认同程度高。如果员工认同公司，就会积极参与公司活动，主动提出建设性的改善方案，他们非但不会违反公司规定，更会以公司的利益为上。

- 不会生事争利。员工不会为了谋取个人利益，而任意破坏公司规定或公司和谐。也就是说，武瑞违反规定跟他的人格特质、价值观念相关，家豪想要在短时间内改变他并不是一件容易的事情。

- 乐于协助同事。心理健康的人在工作时会协助同事，主动跟别人沟通协调。

- 能够公私分明。员工不会利用上班时间或公司资源做自己的事情。

- 努力自我充实。员工会为了提升质量而努力自我充实。

- 可以敬业守法。包括认真工作，出勤状况良好，能够遵守公司规定，达到公司的标准。

 "请人代签到"是很常见的违规行为，虽然表面上看起来是"偷懒行为"，但行为背后显示的心理内涵是不敬业、不守法，公司需要慎重评估其行为背后的价值观是否会导致更大的灾难发生。举例来说，倘若快递人员因为嫌累不想送件，而把别人委托运送的信件物品丢弃，再假装完成工作任务，就会给别人造成严重的损失。

 要建立良好的"心理契约"，最理想的状况是员工的价值观跟公司一致，同时能持续发展信任关系，这样公司跟员工的期望才能一起达成。

34 提振士气——营造高效能的团队气氛

　　明峰从事业务工作已经十年。近来经济不景气，他和同事虽然很努力地跑业务，但却一直领不到奖金，加上每天还要面对强大的业绩压力，导致很多同事受不了双重压力而纷纷离职。

　　同事的心态明显变得消极，开始有"辛苦拜访也是过一天，打打电话也是过一天，何必那么认真"的想法。这样的想法很快蔓延到整个办公室，大家变得越来越不积极，工作士气降到谷底。

　　明峰看在眼里，感觉非常担心。如果这样的心态继续扩散，那就算经济回春，大家也毫无斗志了。明峰很想提振大家的士气，帮同事找回对事业的热情。

提振士气、找回热情的心法

　　公司整体气氛的好坏，的确会影响到员工的参与意愿，决定是否要全心投入工作中。很多人工作时，抱持"管好自己就好""做好自己分内的工作就好"的态度。殊不知，如果团队士气低迷，自己身在其中，整体实力难免会受到影响。

明峰要提升工作士气，第一步就是改变办公室的气氛。想要找回同事们对事业的热情，明峰不妨先培养大家互相合作的团队精神。每当有同事遇到工作瓶颈时，大家都可以包容帮忙，而不是互相抱怨、互扯后腿。

事实上，营造高效能的团队气氛是提振士气的关键因素。同时明峰要让同事了解改变的必要性，遇到业绩不如预期的时候，需要保持年轻的心态，抱着乐观开朗的想法，才能帮助自己与公司渡过难关，学到珍贵的经营智慧。

因此，当士气低迷时，明峰不妨适时跟同事强调，他们每天从事的工作对公司的整体目标有什么贡献，及时肯定同事的"工作价值"。能够看到同事的努力付出，这对同事达成目标是非常有帮助的。赞美不仅可以让同事拥有更多的力量，获得成功的信息，更能促使同事萌生希望和自信。明峰拥有敏锐的觉察力，这不仅有助于事先看到征兆，避免同事负向的情绪传染，还能增强同事成功的力量，看到公司未来的发展方向。

此外，"自愿"亦能引发同事参与的动力，明峰可以带头示范，让同事有机会去做他们一直想做的事，这样自然会引发强烈的动机，除了感谢公司给自己机会，他们工作起来也会比较有成就感。反之，假如工作很无聊，缺乏成就感，同事很快就会产生厌倦感，流动率当然会变高。

越是苦闷、不景气的时候，就越需要幽默、有趣的工作气氛，如此，才能提振团队精神，使大家恢复工作活力，避免落入精疲力竭的情境中。